Anleitung

zur

Bearbeitung meteorologischer Beobachtungen

für die

Klimatologie.

Von

Dr. Hugo Meyer,
Assistent am Königlichen meteorologischen Institut.

Springer-Verlag Berlin Heidelberg GmbH
1891.

ISBN 978-3-642-90106-5 ISBN 978-3-642-91963-3 (eBook)
DOI 10.1007/978-3-642-91963-3
Softcover reprint of the hardcover 1st edition 1891

Vorwort.

Für die meisten meteorologischen Elemente ist die Vertheilung der durchschnittlichen Werthe über grosse Theile der Erdoberfläche bekannt. In diesen Gegenden ist die Lage der Stationen so dicht, dass ein Einfügen neuer Orte nur für locale Verhältnisse und für Specialuntersuchungen Interesse hat. Der Schwerpunkt künftiger klimatologischer Arbeiten bezüglich dieser Gebiete sollte daher nicht mehr in der Ableitung der Mittelwerthe für die einzelnen klimatischen Factoren und deren periodischer Aenderungen liegen, es sollte vielmehr eine Vertiefung der klimatischen Beschreibung auf Grund zuverlässigen Zahlenmaterials angestrebt werden.

Eine solche Vertiefung kann erreicht werden durch Kritik der bisher gebräuchlichen Begriffe und durch Einführung neuer, beziehentlich Anwendung von noch wenig gebräuchlichen Methoden. Nach diesen beiden Richtungen hin aufklärend und anregend zu wirken, ist der Hauptzweck der vorliegenden Schrift.

Bis vor wenigen Lustren war das Material für eingehende klimatologische Untersuchungen weiteren Kreisen nur schwer zugänglich. Wem es nicht gegönnt war, in meteorologische Manuscript-Tabellen Einsicht zu erhalten, musste auf tiefer gehende Arbeiten verzichten. Das ist, Dank den Beschlüssen des internationalen Meteorologen-Congresses zu Wien 1873 und der Conferenz des permanenten Comités zu Utrecht 1874, jetzt besser geworden, und daher erscheint eine Anregung zu detaillirter Bearbeitung des nun leicht zu beschaffenden Materiales zeitgemäss.

Jene internationalen Vereinigungen haben für die Publication der meteorologischen Beobachtungen eine neue Aera eingeleitet. Man einigte sich nicht nur über ein bequem zu benutzendes Schema für die Veröffentlichung der monatlichen Mittelwerthe, sondern man erkannte auch die Nothwendigkeit an, für eine gewisse Anzahl von Stationen die täglichen Beobachtungen in extenso zu veröffentlichen. Auch hierfür wurde eine geeignete Form international vereinbart.

Seitdem haben sich allmälig fast alle meteorologischen Institute der an jenem Congress betheiligten Länder diesem internationalen Schema angeschlossen, und es liegt jetzt schon den weitesten Kreisen eine ganze Fülle gedruckten Materials vor, das der weiteren Verarbeitung harrt. Diese Bearbeitung kann von den meteorologischen Centralanstalten allein nicht durchgeführt werden, denn dazu fehlt den meisten von ihnen das Personal. Wie die Beschaffung, so fordert auch die Auswerthung der Beobachtungen für klimatologische Zwecke die Mitwirkung aller für den Gegenstand Interessirten. Den zahlreichen Lehrern der Naturwissenschaften an unsern höheren Schulen steht in den Programmen ihrer Lehranstalten eine Gelegenheit zu ausführlicherer Veröffentlichung ihrer Untersuchungen zur Verfügung, als sie der Raum der Fachzeitschriften in der Regel gestattet. An sie geht in erster Linie mein Ruf zur Mitarbeit; denn die hier besonders empfohlenen Untersuchungen erfordern zum grossen Theil die Publication ausgedehnter Tafeln und Tabellen.

Die vorliegende Anleitung zerfällt in zwei Theile. Den ersten, allgemeinen Theil bildet eine kritische Behandlung der üblichen Grundbegriffe und Methoden, welche man aus anderen Disciplinen auf die Meteorologie übertragen hat, die Prüfung des Beobachtungsmaterials auf seine Gleichartigkeit und die Zurückführung kurzer Reihen auf eine längere Normalperiode.

Die graphischen Methoden der Klimatologie sind an die Spitze gestellt, weil schon im folgenden Capitel von der Graphik nothwendig Gebrauch gemacht werden musste.

Das zweite Capitel ist für alles Folgende von fundamentaler Bedeutung. Bislang hat man die Klimatologie in allen wesentlichen

Punkten auf arithmetische Mittelwerthe gegründet. Nur bei der Behandlung der Windverhältnisse ist man in den letzten Decennien mehr und mehr von der mittleren Windrichtung abgegangen und hat an ihrer Stelle die vorherrschende Richtung eingeführt. Dasselbe sollte man auch für die andern meteorologischen Elemente thun. Der vorherrschende Werth ist in der Klimatologie eigentlich überall der gesuchte, und wenn man sich bislang so gut wie garnicht um ihn bekümmert hat, so liegt das wohl in erster Linie daran, dass man bewusst oder unbewusst die Voraussetzung machte, der arithmetische Mittelwerth sei mit dem vorherrschenden Werthe identisch. Diese Voraussetzung ist aber irrig. Es wird hier gezeigt, dass nur in dem Falle symmetrischer Vertheilung aller Einzelwerthe in der nach der Grösse geordneten Reihe das arithmetische Mittel neben der Eigenschaft die gleiche Summe positiver und negativer Abweichungen zu besitzen, auch die Eigenschaften hat, die gleiche Anzahl positiver und negativer Abweichungen aufzuweisen, und ausserdem als Einzelwerth der wahrscheinlichste oder unter den Einzelwerthen der häufigste zu sein. Auf meteorologischem Gebiete tritt aber der Fall symmetrischer Vertheilung der Einzelwerthe nicht ein. Daher kommt den meteorologischen Mittelwerthen nur jene erste Eigenschaft zu, die andern gehören bezw. dem Centralwerth und dem Scheitelwerth an. Arithmetisches Mittel und Scheitelwerth differiren bei den wichtigsten Elementen ganz merklich. Wollen wir daher in der Klimatologie die vorherrschenden Werthe kennen lernen, so folgt die Nothwendigkeit der Einführung des Scheitelwerthes.

Da auch die Vertheilung der monatlichen Mittelwerthe der einzelnen Jahre um das langjährige Mittel, wie in Capitel 3 gezeigt wird, nicht vom Zufall, sondern von bestimmten Gesetzen beherrscht wird, so ergiebt sich, dass die Fehlerrechnung, wie man sie aus der Physik und Astronomie in die Meteorologie übernommen hat, indem man die Abweichungen der Monatsmittel vom allgemeinen Mittel wie die Fehler einer Messung behandelt, in der Meteorologie principiell nicht anwendbar ist.

Die Bessel'sche Formel hat in neuerer Zeit in der Klimatologie zwar sehr an Boden verloren, doch kann sie als Interpolationsformel häufig nützlich sein und durfte deshalb hier nicht fehlen (Cap. 4). Für die Ausgleichung wegen mangelnder Anzahl von Einzelwerthen noch unregelmässiger, als nach der Natur der Erscheinungen wahrscheinlich ist, verlaufender Zahlenreihen sind diesem Capitel einige einfache und häufig angewandte Ausgleichsformeln angefügt.

Daran schliesst sich in Capitel 5 die Prüfung des Beobachtungsmaterials auf seine Homogeneität und die Zurückführung kurzer Beobachtungsreihen auf eine längere Normalperiode. Die Gleichwerthigkeit aller Einzelbeobachtungen und der Synchronismus der zu vergleichenden Reihen sind zwar schon vor langen Jahren von dem dänischen Botaniker und Klimatologen Schouw gefordert, doch scheinen dessen „Beiträge zur vergleichenden Klimatologie" (Kopenhagen 1827) weniger bekannt geworden zu sein, als sie es verdienen. Erst in neuerer Zeit ist die Bedeutung dieser Punkte voll gewürdigt.

Den Schluss des allgemeinen Theils bilden einige allgemeine Anforderungen, welche an klimatologische Arbeiten gestellt werden müssen. Sie mögen zum Theil als selbstverständlich und überflüssig erscheinen, sind es aber, wie man sich bei Durchsicht der neueren Litteratur bald überzeugt, doch leider nicht.

Der zweite, specielle Theil behandelt die Darstellung der einzelnen klimatischen Factoren, wie sie nach den strengen Anforderungen der Neuzeit zu geschehen hat. Dabei ist der Scheitelwerth nur für die fundamentalen klimatischen Werthe abgeleitet, bei den erst in zweiter Linie in Betracht kommenden Grössen (Abweichungen, Amplituden etc.) ist hierauf einstweilen verzichtet. Principielle Schwierigkeiten stehen der Ableitung des Scheitelwerthes auch für diese Grössen nicht entgegen. — Daran schliesst sich die Behandlung des Zusammenhangs der Witterungsverhältnisse aufeinander folgender Zeitabschnitte und des Zusammenhanges der meteorologischen Elemente unter einander, und endlich folgen einige Bemerkungen über Klimagrenzen und Wetterscheiden.

Die Magerkeit so vieler klimatologischer Arbeiten dürfte zum nicht geringen Theile darin ihre Ursache haben, dass den Verfassern viele Gesichtspunkte und Methoden unbekannt blieben, welche, obwohl von hohem Interesse, in der Litteratur zu sehr zerstreut und nicht selten schwer zugänglich waren. Zwar kann auch diese Schrift nicht den Anspruch auf Vollständigkeit erheben, ich hoffe aber, dass mir von den bewährten Methoden keine entgangen ist. Noch weniger Anspruch auf Vollständigkeit kann ich in Betreff der Litteraturnachweise machen. Prioritätsfragen und historische Studien lagen ausser dem Bereiche dieser Anleitung.

In dem speciellen Theile finden sich zahlreiche Tabellen, welche als Muster dienen mögen. Dieselben beziehen sich nicht alle auf denselben Ort, sondern sind in den verschiedenen Capiteln aus den Beobachtungen verschiedener Stationen abgeleitet. Anfänglich hatte ich die Absicht, alle Methoden an den Beobachtungen eines und desselben Ortes zu erläutern und so für diesen eine ganz detaillirte Klimaschilderung zu geben. Ich bin davon abgegangen, weil eine genaue Beschreibung aller klimatischen Bedingungen eines Ortes mehr Tabellen erfordert hatte, als für eine „Anleitung" nothwendig erschien. Ferner, so werthvoll möglichst ausführlich klimatische Tabellen für einzelne Orte auch sind, so glaube ich doch, die Klimatologie wird mehr durch Arbeiten gewinnen, welche sich nur eine oder wenige Fragen stellen und diese für grössere Gebiete zu beantworten suchen. Die für verschiedene Orte selbstständig und unabhängig von einander abgeleiteten Klimatafeln sind, so vortrefflich sie auch für sich betrachtet sein mögen, in der Regel nur beschränkt vergleichbar. Zu einer Bearbeitung einzelner Fragen für ausgedehnte Gebiete wird man aber von vorn herein nur vergleichbares Material heranziehen.

Es liegt mir fern, den Werth von Uebersichten über die klimatischen Factoren in der bisher fast ausschliesslich üblichen Form schmälern zu wollen. So lange nur wenige Jahre mit regelmässigen Beobachtungen vorliegen und ein Anschluss derselben an längere Reihen nicht möglich ist, ist überhaupt nur ein ganz allgemeiner Ueberblick zu gewinnen und eine ins Einzelne gehende Bearbeitung derselben nicht lohnend. Diese Schrift soll zu einer intensiven Verarbeitung langjährigen guten Beobachtungsmaterials anleiten und zeigen, dass selbst für die klimatisch bestbekannten Gegenden noch viel zu thun bleibt. Der Scheitelwerth und die unperiodischen Aenderungen der klimatischen Elemente im weitesten Sinne bieten ein noch garnicht, oder doch nur sehr wenig beackertes Arbeitsfeld, das die schönsten Früchte verspricht.

Die Auswerthung des in den Publicationen der verschiedenen Centralanstalten reichlich aufgespeicherten Materials für rein meteorologische Zwecke wird immer nur gering sein im Vergleich zu der für die Klimatologie, und nur für diese lassen sich allgemeine Regeln aufstellen. Nur wenn sich Arbeiter finden, bereit, das vorhandene Material für die Wissenschaft auszunutzen, sind die Mühen und Kosten jener Veröffentlichungen nicht umsonst aufgewandt.

Herr Professor Dr. Köppen hatte die Güte, das Manuscript vor der Drucklegung einer Durchsicht zu unterziehen und mich auf eine Reihe von Punkten aufmerksam zu machen, welche einer Abänderung bedürftig, oder auch von mir ganz übersehen waren. Es ist mir eine angenehme Pflicht, ihm auch hier für sein freundliches Entgegenkommen meinen verbindlichsten Dank auszusprechen.

Berlin, im November 1890.

Dr. Hugo Meyer.

Inhalt.

I.

Allgemeiner Theil.

1. Die graphischen Methoden der Klimatologie.

Die graphischen Methoden dienen in der Klimatologie und Meteorologie den Zwecken der Rechnungscontrolle, der Interpolation und der Erleichterung der Uebersicht von Zahlentabellen. Sie erweisen sich als ganz ausserordentlich nützlich, und ihre Anwendung kann nicht genug empfohlen werden, zumal sie, wo wir es hier immer nur mit der Darstellung von Functionen einer oder zweier Variablen zu thun haben, sich äusserst einfach gestalten. Wir wollen dieselben an den täglichen und jährlichen Aenderungen der Lufttemperatur zu München erläutern, wie sie von Erk aus den Registrirungen auf der Münchener Sternwarte während der Jahre 1848—1880 abgeleitet und wie sie in folgender Tabelle auszugsweise mitgetheilt worden sind.

Tab. 1. **Täglicher und jährlicher Gang der Lufttemperatur zu München. 1848—80.**

	D.	J.	F.	M.	A.	M.	J.	J.	A.	S.	O.	N.
2^h a. m. .	— 3,6	— 3,9	— 2,6	— 0,3	4,0	7,6	11,2	12,9	12,7	9,7	5,7	0,2
4 = = .	— 3,3	— 4,1	— 2,7	— 0,7	3,4	7,0	10,6	12,2	12,0	9,1	5,3	0,0
6 = = .	— 3,3	— 4,3	— 3,0	— 0.9	3,6	8,6	12,8	14,0	12,7	8,9	5,1	— 0,1
8 = = .	— 3,2	— 4,2	— 2,5	0,4	6,6	11,6	15,8	17,3	16,1	11,8	6,5	0,4
10 = = .	— 1,7	— 2,4	— 0,2	3,2	9.4	13,9	18,0	19,5	18,6	14,9	9,3	2,2
Mittag . .	— 0,3	— 0,8	1,6	5,1	11,0	15,2	19,2	20,8	20,0	16,7	11,1	3,7
2^h p. m. .	— 0.1	— 0,2	2,3	5,8	11,7	15,9	19,8	21,3	20,8	17,4	11,7	3.8
4 = = .	— 1,1	— 1,3	1,5	5,3	11,4	15,6	19,5	21,1	20,4	17,0	10,8	2,9
6 = = .	— 1,9	— 2,5	— 0,2	3,3	9,7	14,0	17,9	19,7	18,7	14,5	8,6	1,7
8 = = .	— 2,4	— 3,0	— 1,0	1,7	7,2	11,3	15,3	16,8	16,0	12,4	7,3	1,0
10 = = .	— 2,7	— 3,4	— 1,6	0,8	5.9	9,8	13,4	15,0	14,5	11,2	6,5	0,6
Mitternacht	— 2.9	— 3,7	— 2,1	0,2	4,9	8,6	12,2	13,8	13,4	10,3	6,0	0,4

Die Einzelwerthe, aus denen die in dieser Tabelle enthaltenen Mittelwerthe berechnet wurden, sind Curven entnommen, welche den stetigen Aenderungen der Temperatur entsprechend von einem Thermographen aufgezeichnet wurden. Es sind dabei, wenigstens im Resultat, nicht alle von dem Instrumente angegebenen Werthe berücksichtigt, sondern nur die auf die vollen Stunden bezüglichen abgeleitet, und es kommt nun darauf an, aus diesen discontinuirlichen Zahlenreihen wieder eine continuirliche Curve zu construiren, welche beispielsweise für einen bestimmten Augenblick des typischen Januartages die zugehörige Temperatur abzulesen gestattet. Ich sage des „typischen" Januartages; denn in der mit Januar überschriebenen Colonne findet man die Mittelwerthe nicht eines, sondern aller Januartage des betrachteten Zeitabschnitts, es stellt dieselbe also den täglichen Gang für den Repräsentanten aller Januartage dar; dasselbe gilt für die auf die andern Monate bezüglichen Colonnen.

Man benutzt hierzu in den meisten Fällen ein ebenes rechtwinkliges Coordinatensystem und trägt parallel der einen Axe desselben Längen proportional der Zeit, parallel der andern Längen proportional der Temperatur ab. Welche Axe man als Zeit- und welche man als Temperaturaxe wählt, ist natürlich ganz gleich. Bei der graphischen Darstellung der täglichen Periode nehme ich z. B. die Temperatur als Abscissen- und die Zeit als Ordinatenaxe und gebe in Fig. 1 die graphische Darstellung des täglichen Ganges der Lufttemperatur zu München nach Tab. 1 für die drei ersten Monate des Kalenderjahres. In der Zeichenebene wurden die Punkte, welche den Temperaturen der geraden Stunden nach Tab. 1 zukommen, markirt und dann durch einen freien Zug verbunden. Wie man sieht, kann man den so erhaltenen Curven die Temperatur einer beliebigen Stunde eines jeden typischen Monatstages entnehmen.

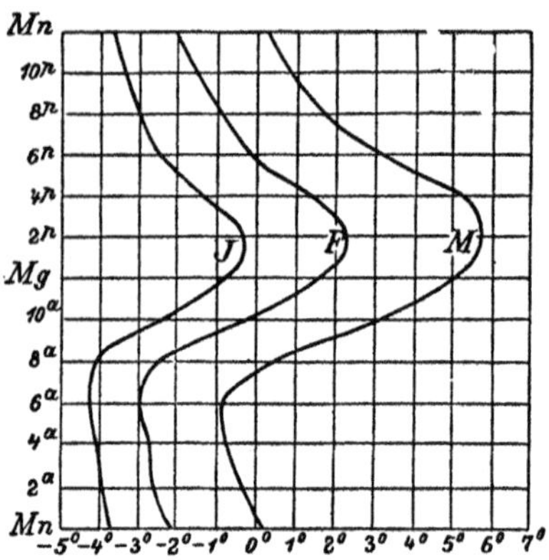

Fig. 1. Täglicher Gang der Lufttemperatur zu München.

Handelt es sich um mehr als bloss eine Veranschaulichung der Zahlenreihen der Tab. 1, so wird man gut thun, der Zeichnung einen grösseren Maasstab zu Grunde zu legen, als es hier mit Rücksicht auf den disponibeln Raum geschehen ist. — In derselben Weise kann man natürlich auch den täglichen Gang während beliebiger anderer Zeitabschnitte (Vierteljahre, Jahr) graphisch darstellen.

Um ein vollständiges Bild der Temperaturänderungen zu erhalten, empfiehlt es sich, jenen Curven noch die hinzuzufügen, welche den jährlichen Gang der Temperatur für die einzelnen Tagesstunden oder wenigstens für das Tagesmittel repräsentiren. Als Beispiel gebe ich in Fig. 2 den jährlichen Gang der Temperatur zu

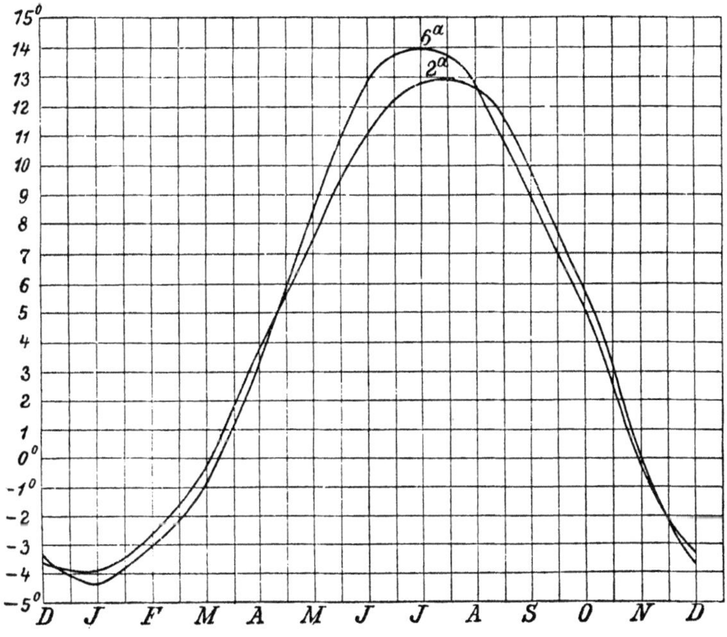

Fig. 2. Jährlicher Gang der Lufttemperatur zu München

München für die beiden Stunden 2 a und 6 a. Dabei ist die Zeit zur Abscissenaxe genommen, und die Temperaturgrade sind der Ordinatenaxe parallel aufgetragen.

Bei einem so kleinen Maasstabe, wie er hier verwendet wurde, kann man die Monate als gleichlang ansehen, wählt man aber einen grösseren Maasstab, so darf das nicht mehr geschehen, es sind dann die Stücke der Abscissenaxe, welche den einzelnen Monaten entsprechen, den Längen derselben proportional anzusetzen. In der

Mitte der einem Monate zufallenden Strecke wird eine Senkrechte errichtet und auf dieser eine Länge proportional der zugehörigen Anzahl von Graden aufgetragen. Man nimmt also an, dass die typischen Verhältnisse des Monats dem mittleren Tage des betreffenden Monats zukommen. Dadurch wird eine Abweichung der graphischen Darstellung von den thatsächlichen Verhältnissen hervorgerufen, auf die weiter unten noch des Nähern eingegangen werden soll.

Nicht immer erfolgen die Aenderungen der Function (in unserm Beispiel der Temperatur) mit dem Argument (der Zeit) so gleichmässig wie in unserm Beispiel, und es ist alsdann schwer, einen freien Curvenzug so zu ziehen, dass er sich allen Werthen gleich gut anschliesst und keine Eigenthümlichkeiten der Werthreihe, welche abgebildet werden soll, verschleiert oder gar verwischt. In diesem Falle ist es rathsam, die gegebenen Werthe nicht durch einen glatten Zug nur lose zu verknüpfen, sondern lieber je zwei auf einander folgende Punkte durch eine gerade Linie zu verbinden und so den Gang der Function durch eine gebrochene Linie zu veranschaulichen. Dies ist namentlich dann zu empfehlen, wenn die Functionswerthe einigermassen sicher verbürgt sind, nicht selten sind scheinbare Anomalien, die man durch eine stetig verlaufende Curve zu beseitigen geneigt sein möchte, in Wahrheit für die Aenderungen der Function characteristisch.

In der beschriebenen Weise pflegt man immer dann zu verfahren, wenn die vorhandenen Werthe nicht sehr zahlreich sind, also die Darstellung der periodischen Aenderungen nicht sehr vollständig sein kann, wenn z. B. Beobachtungen von nur drei Terminen pro Tag vorhanden sind. Man kann dann naturgemäss die jährliche Periode nach der erläuterten Methode auch nur für diese drei Termine und für das Tagesmittel construiren, das geschieht insgesammt durch vier Curven, die in der Regel auf einem einzigen Blatte Platz finden werden. Wenn dagegen auch die tägliche Periode genauer bekannt ist, wie in unserm obigen Beispiel, so steigt dadurch die Zahl der Curven sehr, ohne dass die Uebersichtlichkeit entsprechend zunähme, auch wenn man die Curven auf verschiedenen Blättern unterbringt, so dass sie nicht zu oft durch einander hindurchlaufen. Alsdann empfiehlt es sich, statt jener beiden durch Fig. 1 und 2 angedeuteten Systeme von Curven ein einziges nach folgenden Gesichtspunkten zu entwerfen.[1])

---

[1]) A. Vogler: Anleitung zum Entwerfen graphischer Tafeln, S. 5. Berlin 1877; F. Erk, Meteor. Zeitschr. 2, S. 281, 1885.

Wir haben, um bei unserm obigen Beispiel zu bleiben, entweder die Temperatur eines bestimmten Monats aufgefasst als Function der Tagesstunde, oder die Temperatur einer bestimmten Tagesstunde als Function des Monats, aber immer nur die Function in ihrer Abhängigkeit von einem Argument betrachtet, ihre Werthe konnten demnach eine Darstellung in der Ebene finden. Wir wollen jetzt die Function als gleichzeitig von zwei Argumenten abhängig ansehen: die Temperatur abhängig von Stunde und Tag des Jahres. Eine solche Function wird dann durch eine Fläche im Raum abgebildet, und diese Fläche erhalten wir folgendermaassen.

In einer Ebene denken wir uns ein rechtwinkliges Coordinatensystem; senkrecht zu der einen Axe dieses Systems denken wir uns Gerade in Abständen gezogen, welche proportional den Längen der auf einander folgenden Monate sind, und in Abständen proportional den Tagesstunden Lothe auf die andere Axe gefällt. Innerhalb des so gewonnenen Systems von Rechtecken bezeichnet dann jeder Punkt eine bestimmte Stunde des Jahres, und die Schnittpunkte der beiden Systeme von Lothen bezeichnen die vollen Stunden der mittleren Tage aller Monate. In diesen Schnittpunkten denken wir uns Perpendikel von solcher Länge errichtet, dass jedes der Temperatur proportional ist, welche der Stunde seines Fusspunktes entspricht. Auf diese Weise erhalten wir, wenn die tägliche Periode durch die Werthe der vollen Stunden gegeben ist, 24 × 12 Punkte im Raume, durch welche wir uns eine stetig verlaufende Fläche hindurchgelegt denken. Dann wird diese wellige Fläche in dem Abstande jedes ihrer Punkte von der Zeichenebene den mittleren Werth der Lufttemperatur für die dem Fusspunkte des Lothes zugehörige Stunde des Jahres angeben. Die Form der Fläche selbst kann in derselben Weise zur Anschauung gebracht werden, wie auf den Landkarten ein welliges Terrain, durch Höhenschichtencurven. Den Curven gleicher Seehöhe entsprechen in unserm Falle Curven gleicher Temperatur. Man nennt diese Linien, welche für einen bestimmten Ort alle die Zeitpunkte des Jahres verbinden, an denen dieselbe mittlere Temperatur herrscht, nach dem Vorgange von Vogler Thermo-Isoplethen, und unterscheidet sie damit von den sonst in der Klimatologie so vielfach benutzten Isothermen, welche für dieselbe Zeit die Orte gleicher Temperatur verbinden. Da beide Systeme von Curven „Isothermen“ sind, so wäre es wohl am besten, jenes als das der Chrono-Isothermen und dieses als das der

Choro-Isothermen zu bezeichnen (vergl. Meteor. Zeitschr. 2. S. 287, Redaktionsnote).

Die Construction der Chrono-Isothermen (Thermo-Isoplethen) bedarf nach dem Gesagten kaum einer weiteren Erläuterung. Man setzt zu den Schnittpunkten der Parallelen zur Abscissenaxe mit den Parallelen zur Ordinatenaxe, welche den einzelnen Stunden der typischen Monatstage entsprechen, die bezüglichen Temperaturwerthe und interpolirt alsdann auf jenen Parallelen die Punkte, welche den ganzen Graden correspondiren; die die Punkte gleicher Temperaturgrade verbindende Curvenschaar ist das gesuchte System der Isoplethen. Man wird gut thun, der ursprünglichen Construction einen möglichst grossen Maasstab zu Grunde zu legen und dann das erhaltene Bild mit Hilfe eines Pantographen, durch Photographie oder sonstwie zu verkleinern. Auf diese Weise ist Fig. 3 entworfen, welche ich der genannten Arbeit von Erk entnehme. Sie gewährt ein sehr anschauliches Bild der Temperaturverhältnisse von München, deren nähere Discussion indessen nicht hierher gehört. In Betreff der beiden von links nach rechts quer durchlaufenden Curven sei bemerkt, dass sie die Zeiten des Sonnen-Auf- und Unterganges darstellen.[1])

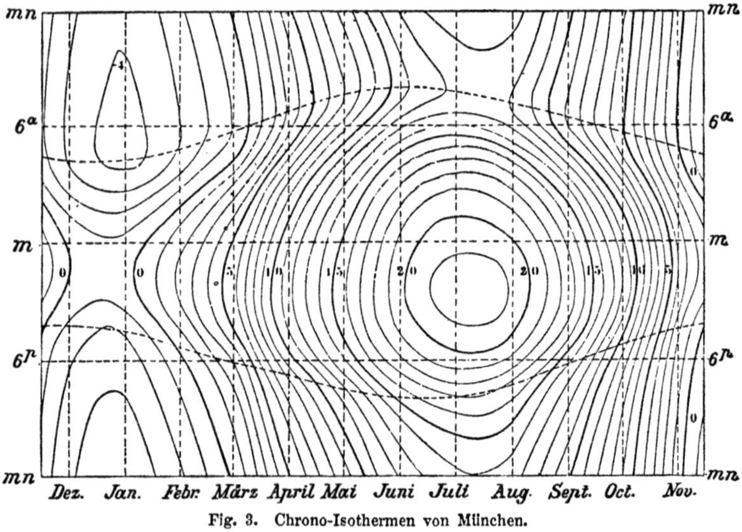

Fig. 3. Chrono-Isothermen von München.

[1]) Solche Darstellungen sind ferner gegeben von Schreiber: Die Temperaturfläche von Leipzig, Jahrb. d. K. sächs. met. Inst. 3, III, S. 1, 1885; und von Krankenhagen: Die Chrono-Isothermen von Stettin, Stettin 1890.

Diese Methode bleibt natürlich auch anwendbar, wenn man andere Argumente wie Stunde und Tag des Jahres wählt, z. B. Raum und Zeit. So hat Köppen[1]) sehr übersichtliche Darstellungen der jahreszeitlichen Vertheilung der Regen auf dem atlantischen und indischen Ocean und der Bewölkung auf dem nordatlantischen Ocean gegeben, indem er als Abscissen die Monate und als Ordinaten die geographische Breite benutzte. Es entspricht dann jeder Punkt der Zeichenebene einem bestimmten Zeitpunkt des Jahres und einer bestimmten Entfernung vom Aequator; und wie man aus Fig. 3 die jährliche Periode für jede Tagesstunde und die tägliche Periode für jeden Tag des Jahres entnehmen kann, so findet man aus den Köppen'schen Isoplethen die jährliche Periode des betreffenden Elementes für jeden Breitengrad und die Vertheilung desselben nach der geographischen Breite für jeden Zeitpunkt des Jahres.

Will man den Verlauf der durch Isoplethen dargestellten Fläche noch directer ad oculos demonstriren, so geschieht das am Besten mit Hülfe eines Gypsmodells, die Anfertigung eines solchen setzt aber immer eine ziemliche Uebung in derartigen Arbeiten voraus, es mag daher hier noch kurz ein Ersatz für ein solches Modell angeführt werden, der leicht zu beschaffen ist und doch auch die Eigenschaften jener Fläche sehr gut hervortreten lässt. Wir zeichnen, wenn wir wieder die durch Fig. 3 dargestellte Temperaturfläche ins Auge fassen, sämmtliche 12 Curven der Fig. 1 passend nach etwas grösserem, aber alle nach demselben Maasstabe auf mässig starken Karton, jede auf ein Blatt für sich, und schneiden nun die Flächenstücke aus, welche zwischen den Curven, den zugehörigen Ordinaten und den begrenzenden Stücken der Abscissenaxe liegen. Indem wir alsdann für die Temperatur denselben Maasstab beibehalten, construiren wir die Curven der Fig. 2 auf verschiedenen Blättern desselben Kartons (an Zahl 24, 12 oder 8, je nachdem stündliche, zwei- oder dreistündliche Beobachtungen vorliegen) und schneiden die zwischen ihnen und der Abscissenaxe liegenden Flächen ebenfalls aus. Versehen wir nun die beiden Arten von so erhaltenen

[1]) Köppen: Graphische Darstellung der Regenvertheilung auf dem atlantischen und dem indischen Ocean nach der geographischen Breite und der Jahreszeit; Annalen der Hydrographie 15, S. 324, 1887; Die Bewölkung im östlichen Theile des Nordatlantischen Oceans, ebenda S. 409.

Blättern mit passenden Einschnitten parallel der Abscissen- bezw. der Ordinatenaxen, so dass wir sie senkrecht zu einander durch einander stecken können, so können wir sie immer so stellen, dass die untere Begrenzungsfläche eine Ebene wird und das System der Rechtecke der früheren Zeichenebene deckt, die obere Begrenzung dagegen enthält nicht nur die den vollen Stunden (bei 24 Beobachtungen pro Tag) entsprechenden Temperaturen jedes typischen Monatstages, sondern auch die Curven, welche den Uebergang jeder dieser Temperaturen zu der der nächsten vollen Stunden desselben Monats und zu der der nächsten Monate zu derselben Tagesstunde. Solche einfache Modelle sind sehr leicht herzustellen und dabei recht instructiv.

Bei allen diesen graphischen Darstellungen darf man sich aber nicht verhehlen, dass sie den thatsächlichen Verhältnissen nicht ganz entsprechen, dass dabei vielmehr ein principieller Fehler mit unterläuft, auf den schon oben hingedeutet wurde. Indem man nämlich die für den typischen Monatstag geltenden Werthe für den mittleren Tag des Monats einträgt, macht man neben andern Voraussetzungen über die Eigenschaften des arithmetischen Mittels, von denen im folgenden Capitel des Eingehenderen zu reden sein wird, auch die Annahme, dass die Temperatur sich im Laufe des Monats der Zeit (Anzahl der Tage) proportional ändere, eine Annahme, die wohl ausnahmsweise einmal zutreffen mag, die aber sicher nicht die Regel ist. Streng genommen, hätte man für jeden Monat erst durch eine besondere Untersuchung festzustellen, für welchen Tag das arithmetische Mittel gültig ist. Man muss hierauf aber wohl verzichten, da die Bestimmung jenes Tages nur bei sehr langen Reihen von Beobachtungsjahren mit einiger Sicherheit möglich wird, und dieser Verzicht wird um so leichter, als die Abweichung des gesuchten Tages von dem mittleren oder der Unterschied zwischen den mit Hülfe der einen oder der andern Tage gezeichneten Curven für die meisten Monate nur gering sein wird. Von Belang wird der Unterschied nur für die extremen Zeiten, also für die Monate (bei der Temperatur Januar, Juli), in denen die Curve sich wendet und vielleicht auch noch in den Nachbarmonaten. Man erkennt sofort, dass, wenn man die Verhältnisse des typischen Tages für die Mitte des Monats einträgt, man die Curve gegen den wahren Verlauf abflacht. Dadurch wird auch die graphische Interpolation von Werthen in der Nähe der Wendepunkte, sowie die Bestimmung der Eintrittszeiten der extremen Werthe unsicher.[1])

Statt die Tage zu bestimmen, auf welche thatsächlich die Mitteltemperaturen entfallen, kann man noch einfacher die Correction ableiten, welche man an den Monatsmitteln anzubringen hat, um daraus die Temperaturen der mittleren Monatstage zu erhalten. Diesen Weg hat man an der Deutschen Seewarte verfolgt, wo man sich zur Bestimmung der Normaltemperaturen der einzelnen Tage des Jahres für die telegraphisch berichtenden Stationen der graphischen Methode bedient hat.[2]) Man construirte zunächst die Jahrescurve der Temperatur, indem man die Monats-Mittel für die mittleren Tage der Monate eintrug; dieser Curve entnahm man die Temperaturen der einzelnen Tage jedes Monats und verglich die Mittel dieser Werthe mit den ursprünglich gegebenen Mitteln. Die Differenzen dieser Werthreihen, welche für die in Betracht kommenden Stationen in den extremen Monaten nur $0{,}1^0$ bis $0{,}2^0$ betragen, wurden zu den ursprünglichen Mitteln hinzugefügt, und nun die so corrigirten Werthe zur Construction der genaueren Jahrescurve benutzt.

Rechnerisch ist die Correction, welche man an dem arithmetischen Mittel anzubringen hat, um daraus den Werth des mittleren Monatstages zu erhalten, von Sresnewskij[3]) und von Kleiber[4]) bestimmt worden. Da die letztere Methode die allgemeinere ist und dabei noch etwas bessere Resultate liefert als die erstere, will ich nur diese hier wiedergeben:

Kleiber setzt voraus, dass kleine Stücke der fraglichen Curve durch eine nach Potenzen der unabhängigen Variabeln (meist der Zeit) fortschreitende Reihe dargestellt werden können, und dass zur Bestimmung der gesuchten Correction wenige Glieder dieser Reihe genügen. Im Uebrigen wird über die Art der Curve keinerlei Vor-

---

[1]) Vergl. Supan: Die mittlere Dauer der Hauptwärmeperioden in Europa. Petermanns Mittheilungen Bd. 33, S. 167, 1887.

[2]) Ableitung der Normaltemperaturen der deutschen Stationen für die Wetterberichte der Deutschen Seewarte. Ann. d. Hydrogr. Jahrg. 6, S. 9, 1878.

[3]) Sresnewskij: Ueber die graphische Ableitung des jährlichen Ganges der Temperatur aus den Monatsmitteln derselben; Repert. f. Met. Bd. 12, Kl. Mitth. I, 1889.

[4]) Kleiber: Ueber die Bestimmung des wahren Ganges meteorologischer Elemente aus vereinzelten Mittelwerthen; ibid. Bd. 13, 1890.

aussetzung gemacht, im Besonderen auch nicht die, dass die Curve eine periodische sei.

Den aequidistanten Werthen der unabhängigen Variabeln x

$$\ldots, -2, -1, 0, 1, 2, \ldots$$

mögen die gegebenen Werthe

$$\ldots\; y_{-2}, y_{-1}, y_0, y_1, y_2, \ldots$$

zugehören. Nach unserer Annahme können wir dann beliebige zwischenliegende Werthe von y mit Hülfe der Gleichung

$$y = a + bx + cx^2 + dx^3 + \ldots$$

interpoliren.

Sind dann $-\frac{1}{2}$ und $+\frac{1}{2}$ die Grenzen eines Intervalls, so ist der Mittelwerth Y_0 von y in diesem Intervall

$$Y_0 = \int_{-\frac{1}{2}}^{+\frac{1}{2}} y\,dx = a + \frac{1}{12}c + \frac{1}{80}e + \ldots,$$

während der Werth y_0, welcher der Mitte der Abscisse, also $x = 0$, entspricht

$$y_0 = a$$

ist; folglich erhalten wir als Differenz des Mittelwerthes und des Werthes der mittleren Abscisse

$$Y_0 - y_0 = \frac{1}{12}c + \frac{1}{80}e + \ldots$$

Die Coefficienten c, e, ... können wir mit Hülfe der gegebenen Werthe von y oder auch deren Differenzen berechnen. Im letztern Falle erhalten wir

$$c = \frac{1}{2}\Delta^2 y - \frac{1}{24}\Delta^4 y + \ldots$$

$$e = \frac{1}{24}\Delta^4 y - \ldots$$

Nun können wir aber in der Meteorologie überall schon die vierten Differenzen (Δ^4) unbeschadet der Genauigkeit fortlassen und erhalten so

$$Y_0 - y_0 = \frac{1}{24}\Delta^2 y$$

oder, da sich $\Delta^2 Y$ und $\Delta^2 y$ nur durch Differenzen vierter und höherer Ordnungen unterscheiden, auch

$$Y_0 - y_0 = \frac{1}{24}\Delta^2 Y = \frac{1}{24}(Y_{-1} - 2Y_0 + Y_{+1})$$
$$= \frac{1}{12}\left(\frac{Y_{-1} + Y_{+1}}{2} - Y_0\right).$$

Somit können wir das Resultat unserer Untersuchung folgendermaassen zusammenfassen (Referat über Kleibers Arbeit in der Met. Zeitschr. 1890): „Um aus dem Mittelwerth eines Monats denjenigen Werth abzuleiten, welcher der Mitte des Monats entspricht, muss man ein Zwölftel von der Differenz, welche dieses Monatsmittel gegen den Durchschnittswerth aus den beiden benachbarten Monaten zeigt, an dieselbe anbringen, und zwar in der Richtung, dass der zu findende Werth weiter von diesem Durchschnitt abweicht, als das Monatsmittel. Dasselbe gilt auch für beliebige andere Theile einer Curve ohne Aenderung des Factors $\frac{1}{12}$, und für beliebige periodische oder nichtperiodische Curven."

Die Ergebnisse dieser Berechnung stimmen ganz gut zu den auf graphischem Wege von der Deutschen Seewarte gewonnenen Resultaten.

Was hier über die graphische Behandlung der jährlichen Periode gesagt ist, gilt, wenn auch in um so geringerem Grade, je zahlreicher die Termine des Tages sind, auch von den Curven der Fig. 1 und von den Isoplethen, ganz allgemein immer, wenn das fragliche Element eine gut ausgeprägte Periode mit deutlichen Maximis und Minimis durchläuft.

Die Temperaturverhältnisse sind im Vorhergehenden nur als Paradigma genommen, es bedarf wohl kaum der Erwähnung, dass in analoger Weise der jährliche wie der tägliche Gang aller anderen meteorologischen Elemente zur bildlichen Darstellung gebracht werden kann. Auch kann man gerade so die Häufigkeit gewisser Grössen, z. B. der Barometerstände als Function der Höhe betrachten, oder der Windbeobachtungen in ihrer Abhängigkeit von der Windrichtung behandeln. So stellt Fig. 4 die Häufigkeit der verschiedenen Windrichtungen zu Keitum auf Sylt in Procenten aller Beobachtungen an den drei täglichen Terminen 8^a, 2^p, 8^p der 10 Jahre 1876—85 dar, welche auf die 8 Hauptrichtungen reducirt folgende Zahlen ergeben haben:

Häufigkeit der Winde zu Keitum auf Sylt in Procenten aller Beobachtungen. 1876—85.

N	NE	E	SE	S	SW	W	NW	Calmen
8,9	9,0	10,1	9,6	8,1	18,1	18,0	14,9	3,2

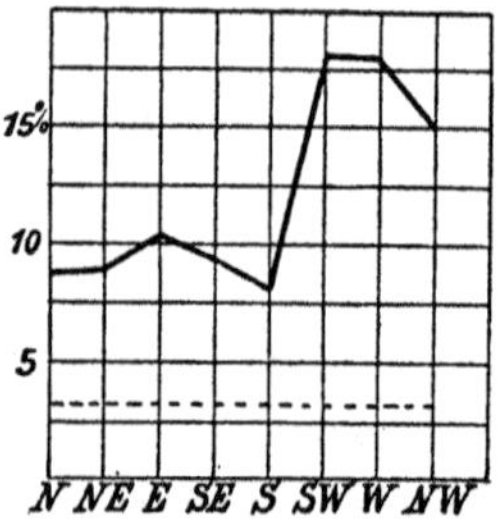

Fig. 4. Häufigkeit der Winde zu Keitum auf Sylt.

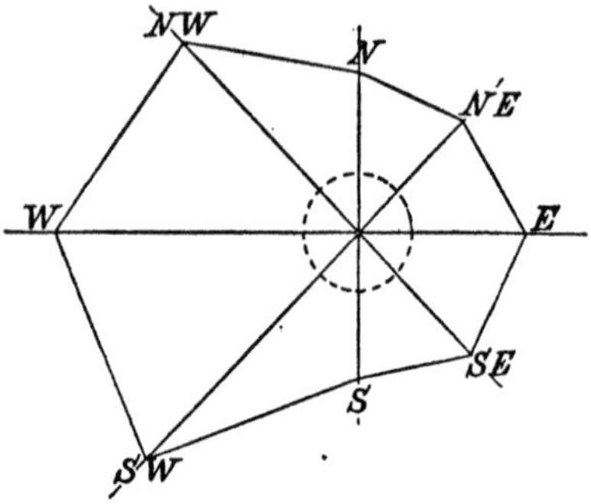

Fig. 5. Häufigkeit der Winde zu Keitum auf Sylt.

Die punktirte Parallele zur Abscissenaxe giebt die Häufigkeit der Windstillen.

Derartige Windrosen pflegt man indessen häufiger nach der in Fig. 5 gegebenen Methode abzubilden. Man trägt auf den sich unter 45° (bei 16theiligen Windrosen unter $22\frac{1}{2}$°) schneidenden Strahlen eines Sternes Längen ab, welche der Häufigkeit der den betr. Strahlen zugeordneten Windrichtungen proportinal sind (hier ist in Fig. 5 derselbe Maasstab gewählt wie in Fig. 4) und verbindet die so erhaltenen Punkte durch gerade Linien. Die Häufigkeit der Calmen wird durch einen Kreis um den Mittelpunkt des Sterns markirt, dessen Radius der Häufigkeit der Windstillen proportional ist. Ein solches Polygon giebt wohl ein noch augenfälligeres Bild als Fig. 4 für die Windvertheilung.

Von der Construction der Isobaren und der Isothermen wird bei der Behandlung des Luftdrucks bezw. der Lufttemperatur die Rede sein.

2. Der Centralwerth, das arithmetische Mittel und der Scheitelwerth.

Wenn eine Anzahl unter sich vergleichbarer Grössen gegeben ist, so erhebt sich die Frage nach einem kurzen, möglichst characteristischen Ausdruck für die Gesammtheit dieser Grössen.

Hierzu kann man sich verschiedener Werthe bedienen, die man passend als Hauptwerthe bezeichnet, und unter denen man je nach der Natur der Einzelwerthe und ihres etwaigen Zusammenhanges zu wählen hat.

Die für die Praxis wichtigsten Hauptwerthe müssen hier nach ihren Eigenschaften besprochen werden, um ein richtiges Urtheil über den Sinn und die Bedeutung der in der Klimatologie ganz allgemein und bislang fast ausschliesslich benutzten arithmetischen Mittelwerthe zu erlangen.[1])

Wir sehen zunächst von der Natur der Einzelwerthe ganz ab; es ist uns ohne Belang, ob wir es mit dem Alter der sämmtlichen activen Militairpersonen eines Heeres, oder mit der Zahl der Semester, welche die Studirenden eines Landes zur Vollendung ihrer Universitätsstudien brauchen, oder mit der Höhe der Häuser einer Strasse, oder mit langjährigen Beobachtungen eines meteorologischen Elementes, oder den Ergebnissen wiederholter Messungen eines und desselben astronomischen oder physikalischen Objectes, oder mit irgend einer anderen Art von Einzelwerthen zu thun haben. Wir fragen uns ganz allgemein, welche Werthe erscheinen zur Characterisirung derartiger Gruppen von Grössen gleicher Art geeignet, und welches sind die Eigenschaften dieser Hauptwerthe?

Denken wir uns alle Einzelwerthe ihrer Grösse nach in eine Reihe geordnet, so ist der nächstliegende Hauptwerth, der als Repräsentant der ganzen Reihe geeignet erscheint, derjenige Werth, welcher in der Mitte steht, von dem aus gezählt sich also ebenso viel Einzelwerthe finden, welche kleiner, als solche, welche grösser sind. Diesen Werth wollen wir mit Fechner den Centralwerth nennen und gelegentlich kurz durch C bezeichnen. — Wir haben also die Definition: Der Centralwerth besitzt die gleiche Anzahl positiver und negativer Abweichungen.

---

[1]) Als meine hierauf bezüglichen Untersuchungen im Wesentlichen bereits vollendet waren, lernte ich durch einen Zufall eine Arbeit von Fechner kennen (Ueber den Ausgangswerth der kleinsten Abweichungssumme, dessen Bestimmung, Verwendung und Verallgemeinerung, Abhdlgg. der math. phys. Classe der K. Sächsischen Gesellschaft der Wissenschaften Bd. XI, No. 1, Leipzig 1874), die in Kreisen der Meteorologen ganz unbekannt geblieben zu sein scheint. Diese Arbeit berührt meine bezüglichen Untersuchungen in vielen Punkten und musste daher namentlich für die Form des vorliegenden Abschnittes mehrfach von bestimmendem Einfluss werden.

Man überzeugt sich leicht, dass hiermit die Eigenschaft zusammenfällt, dass die Summe der Abweichungen vom Centralwerth (absolut genommen) ein Minimum ist. Wählen wir nämlich irgend eine Grösse M aus unserer Reihe, und bezeichnen wir einen beliebigen anderen Werth derselben, welcher kleiner als M ist, durch a_-, und einen solchen, welcher grösser als M ist, durch a_+, so sind $(M - a_-)$ und $(a_+ - M)$ die absoluten Beträge der Abweichungen dieser beiden Werthe von M. Und denken wir uns die Summen über alle a_- bezw. alle a_+ ausgedehnt, so erhalten wir für die absolute Summe der bezüglich M gebildeten Abweichungen aller Werthe unserer Reihe

$$\Sigma\,(M - a_-) + \Sigma\,(a_+ - M).$$

Soll diese Summe ein Minimum sein, so erfordert das, dass der Differentialquotient nach M verschwindet, d. h.

$$\Sigma\,(M - a_-)^0 = \Sigma\,(a_+ - M)^0.$$

Es muss also die Anzahl der negativen Abweichungen gleich der Anzahl der positiven Abweichungen sein, oder M = C.

Ferner giebt es in jeder gegebenen Reihe von Einzelgrössen nur ein C.

Der Zusammenhang des Centralwerthes mit den Einzelwerthen ist aber nur ein sehr loser. Das C ändert seinen Werth nicht, wenn wir statt eines beliebigen Einzelwerthes einen anderen einsetzen, wenn nur dieser neue Werth mit dem ausgeschiedenen auf derselben Seite von C liegt, also grösser oder kleiner als C ist, je nachdem der ausgeschiedene Werth grösser oder kleiner als C ist. Die Summe der Abweichungen wird durch den Wechsel eines Einzelwerthes zwar geändert, sie ist aber für die neue Reihe wieder ein Minimum. Andererseits können wir auch statt des ursprünglichen Centralwerthes ein beliebiges anderes C substituiren, sofern nur dieses neue C seiner Grösse nach zwischen die beiden dem ursprünglichen C benachbarten Einzelwerthe fällt. Das ändert offenbar nichts an dem obigen Satze, dass es für jede Reihe von gegebenen Grössen nur einen Centralwerth giebt; denn durch Einstellen eines neuen Werthes für einen andern erhalten wir eine neue Reihe von Grössen.

Ist m die Anzahl aller gegebenen Werthe, so ist der $\frac{m+1}{2}$te Werth der Reihe der Centralwerth. Diese Regel gilt zunächst nur für ein ungrades m; wir können sie aber auch für ein grades m beibehalten, wenn wir unter dem $\frac{m+1}{2}$ten Werth das arithmetische Mittel zwischen dem $\frac{m}{2}$ten und dem $(\frac{m}{2}+1)$ten Werth verstehen. Bei einer graden Anzahl von Einzelwerthen können wir den Centralwerth nur mit Hilfe eines neuen Princips, des Princips des arithmetischen Mittels, bestimmen. Auf die hierdurch bedingte Unsicherheit, sowie auf die Ableitung des Centralwerthes für den Fall, dass die verschiedenen Einzelwerthe verschieden oft auftreten, ist hier näher einzugehen keine Veranlassung.

Wir wenden uns zum zweiten Hauptwerthe, der zur Characterisirung der Gesammtheit der Einzelwerthe geeignet erscheint und fast immer benutzt wird, zum arithmetischen Mittel, das wir kurz durch A bezeichnen wollen.

Das arithmetische Mittel ist der Quotient aus der Summe aller Einzelwerthe und deren Anzahl. Für das A ist die Eigenschaft characteristisch, dass die Summe der positiven Abweichungen der Einzelwerthe von A gleich ist der Summe der negativen Abweichungen, oder, was auf dasselbe hinausläuft, dass die Summe der Quadrate aller Abweichungen bezüglich des A kleiner ist, als bezüglich irgend eines andern Werthes.

Der Zusammenhang der Einzelgrössen mit dem Hauptwerthe ist beim arithmetischen Mittel weit enger als beim Centralwerth. Ist m die Anzahl aller Einzelgrössen, und ändert sich irgend eine dieser Grössen um δ, so ist damit eine Aenderung des A verbunden, deren Betrag gleich $\frac{\delta}{m}$ ist, und deren Zeichen durch das Zeichen von δ bestimmt wird. Ohne Einfluss auf A bleibt eine solche Aenderung nur dann, wenn gleichzeitig irgend ein anderer Einzelwerth eine Aenderung vom Gesammtbetrage $-\delta$ erleidet.

Wie auch die Einzelwerthe beschaffen sein mögen, es giebt immer nur einen, ganz unzweideutigen Werth von A.

Der dritte und letzte der hier zu betrachtenden Hauptwerthe ist der Scheitelwerth S, d. i. derjenige Werth, um welchen sich die Einzelwerthe in der nach ihrer Grösse geordneten Reihe am dichtesten schaaren, so dass, wenn man vom Scheitelwerth aus die Reihe nach beiden Seiten in gleiche Intervalle theilt, die dem Scheitelwerth nächsten Intervalle mehr Einzelwerthe umfassen als die weiter abstehenden. Fechner hat diesen Werth den „dichtesten Werth“

genannt, die von mir gewählte Bezeichnung wird sich durch das Folgende rechtfertigen.

Der Scheitelwerth ist wesentlich anderer Natur als die vorhin behandelten Hauptwerthe. Seine characteristische Eigenschaft gründet sich nicht auf die mit Bezug auf ihn gebildeten Abweichungen der Einzelwerthe, sie besteht vielmehr darin, dass der Scheitelwerth als Einzelwerth der wahrscheinlichste ist, d. h. wenn man unter alle Einzelwerthe blind hineingreift, so ist die Wahrscheinlichkeit, den Scheitelwerth zu fassen, grösser als die, einen bestimmten andern Werth zu erhaschen.

Die Bestimmung des S kann in folgender Weise geschehen. Wir ordnen alle in Betracht kommenden Einzelwerthe ihrer Grösse nach und theilen den ganzen Bereich, über welchen sich dieselben erstrecken, in gleiche, sich aneinander anschliessende Intervalle. So erhalten wir die Anzahl oder die Häufigkeit der Einzelwerthe in jedem Intervall. Tragen wir dann in einem rechtwinkligen ebenen Coordinatensystem die Intervalle als Abscissen und die zugehörige Häufigkeit als Ordinaten auf, so erhalten wir durch Verbinden der Ordinatenendpunkte eine Curve, welche uns die Vertheilung der Einzelwerthe über die verschiedenen Gruppen zur Anschauung bringt, kurz die Häufigkeitscurve. Der Scheitel dieser Curve, d. h. der Punkt, in welchem die Curve vom Steigen zum Fallen übergeht, liefert den Scheitelwerth. Eine gegebene Reihe von Werthen kann demnach mehrere Scheitelwerthe besitzen, unter denen in der Regel einer, der Hauptscheitel, die andern überragen wird.

Bei passender Wahl des Umfangs der Intervalle und der Einheiten für die graphische Darstellung wird man, wenn man die Ordinatenendpunkte durch einen freien, sich allen diesen Punkten möglichst eng anschliessenden Zug verbindet, das S mit hinreichender Genauigkeit aus der erhaltenen Curve entnehmen können, wenigstens habe ich bei allen weiter unten in Frage kommenden Fällen keine Veranlassung gefunden, von diesem Wege abzugehen, doch will ich gleich hier bemerken, dass die Reihe der Häufigkeitszahlen in den meisten Fällen vor der weiteren graphischen Behandlung einer einfachen Ausgleichung (nach Formel 3 S. 43) unterworfen wurde.

Will man den Scheitelwerth rechnerisch ermitteln, so hat man die Gleichung der Häufigkeitscurve, wenigstens für die Gegenden der S, abzuleiten und die Werthe der Ascisse zu berechnen, für welche die Curve Maxima erreicht. Da man den Scheitelwerth angenähert kennt, so wird man sich unter Umständen mit Vortheil der Differenzenrechnung bedienen können.

Ueber den Zusammenhang des S mit den Einzelwerthen, aus denen es abgeleitet worden ist, lässt sich im Allgemeinen nur sagen, dass er enger ist als bei C und weniger eng als bei A. Der Scheitelwerth wird nicht geändert, wenn wir einen beliebigen Werth in der Reihe der Einzelgrössen durch einen andern ersetzen, welcher in dasselbe Intervall fällt wie der ursprüngliche, dagegen wird S durch eine Substitution geändert werden können, bei welcher der neue Werth in eine andere Gruppe fällt wie der ursprüngliche, und ein oder beide betroffenen Intervalle in der Nähe von S liegen. Ueber die Grösse der Verschiebung des S in der Reihe der Einzelgrössen durch eine gegebene Aenderung unter diesen lässt sich ohne Weiteres nichts aussagen.

Somit haben wir drei Hauptwerthe, welche als für eine beliebig grosse Anzahl von gegebenen Einzelwerthen characteristisch bezeichnet zu werden verdienen: den Centralwerth mit der Eigenschaft die gleiche Anzahl positiver und negativer Abweichungen zu haben, das arithmetische Mittel mit der Eigenschaft einer gleichen Summe positiver und negativer Abweichungen und den Scheitelwerth, den als Einzelwerth wahrscheinlichsten oder den unter den Einzelgrössen vorherrschenden Werth.

In Betreff der Leichtigkeit und der Genauigkeit der Berechnung ist das A dem C und dem S unverkennbar weit überlegen, zudem kommt ihm noch eine Eigenthümlichkeit zu, die wir nicht unerwähnt lassen dürfen. Denken wir uns die ganze aus n Grössen bestehende Reihe in z Fractionen von je m Werthen getheilt, so dass $z \cdot m = n$ ist, und bilden wir für jede Fraction das arithmetische Mittel, so ist das arithmetische Mittel dieser Fractionsmittel gleich dem arithmetischen Totalmittel der ganzen, unfractionirt behandelten Reihe von Werthen. Diese häufig sehr bequeme Eigenschaft theilen die beiden andern Hauptwerthe leider nicht.

Trotz dieser Vorzüge können wir doch die andern Hauptwerthe nicht entbehren. Fechner meint, in dem arithmetischen Mittel haben wir zwar den Schwerpunkt des ganzen Grössencomplexes, aber von der näheren Beschaffenheit und der Structur desselben erhalten wir erst durch Hinzuziehung der andern Hauptwerthe und der bezüglich derselben gebildeten Abweichungen Kenntniss. Wenn man sich bislang fast immer und meist ohne jede Kritik allein des arithmetischen Mittels bedient hat, wo es galt, eine grössere Anzahl von Werthen zusammenzufassen, so liegt das offenbar nur daran, dass man immer stillschweigend voraussetzte, dass das arithmetische Mittel auch der wahrscheinlichste Werth sei. Wir haben uns in Folge dessen zu fragen, in wieweit diese im Allgemeinen unrichtige Voraussetzung in besonderen Fällen zutreffend sein mag.

Zur Beantwortung dieser Frage betrachten wir die Vertheilung der Einzelwerthe um die Hauptwerthe, also die Häufigkeitscurve oder, was bei hinreichend engen Grenzen der Intervalle dasselbe ist, die ihrer Grösse nach geordnete Reihe der Einzelwerthe. Mit der Vertheilung der Einzelgrössen ist zugleich die Vertheilung der bezüglich der verschiedenen Hauptwerthe gebildeten Abweichungen um diese letzteren gegeben. — Ueber die Form der Häufigkeitscurve lässt sich im Allgemeinen nur sagen, dass sie durch die Natur der Einzelgrössen bedingt wird, und dass sie mit dieser gar sehr verschieden ausfallen kann.

Ein ganz besonderes Interesse hat der Fall, dass die Curve zu einem ihrer Punkte symmetrisch verläuft, so dass der eine Zweig der Curve als das Spiegelbild des andern bezüglich der Ordinate des Symmetriepunktes erscheint. Dass dann der Scheitelwerth die Symmetrieaxe bestimmt, ist selbstverständlich, man sieht aber unmittelbar weiter, dass in diesem besondern Falle auch C und A denselben Werth haben wie S, dass also alle drei Hauptwerthe zusammenfallen. Alsdann vereinigt das arithmetische Mittel aller Einzelgrössen auch die Eigenschaften der beiden andern Hauptwerthe in sich, hat also nicht nur die gleiche Summe, sondern auch die gleiche Anzahl positiver und negativer Abweichungen und ist zugleich der wahrscheinlichste oder häufigste Werth.

Unter diesen Umständen steht die Häufigkeit oder die Wahrscheinlichkeit einer Abweichung vom Mittel in folgender, durch das nach Gauss benannte Wahrscheinlichkeitsgesetz gegebenen Beziehung zur Grösse Δ der Abweichung:

$$w_\Delta = w_0 \, e^{-\pi w_0^2 \frac{\Delta^2}{\varepsilon^2}}$$

w_0 ist die Wahrscheinlichkeit einer Abweichung $\Delta = o$ und ε die Einheit der Abweichung. Eine unendliche Anzahl von Beobachtungen vorausgesetzt, ist dieses Gesetz durch Fig. 6 dargestellt, in welches die Δ als Abscissen und die zugehörigen Werthe von w_Δ als Ordinaten aufgetragen sind.

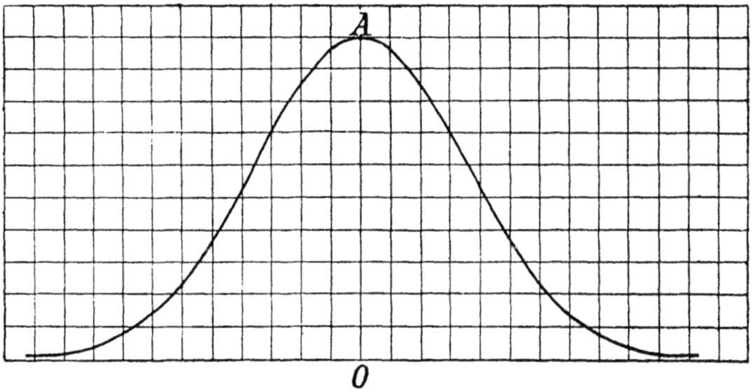

Fig. 6. Wahrscheinlichkeitscurve nach Gauss.

Die drei Hauptwerthe fallen in A zusammen, welcher Punkt durch $\Delta = 0$, also $w_\Delta = w_0$, bestimmt ist. Von hier sinkt die Wahrscheinlichkeitscurve mit wachsendem Δ erst langsam, dann rasch gegen die Abscissenaxe, um sich schliesslich dieser asymptotisch zu nähern.

In der That erscheint die Annahme symmetrischer Vertheilung der Abweichungen um das arithmetische Mittel bei hinreichender Anzahl von Einzelgrössen in weiten Gebieten berechtigt, z. B. bei wiederholten Messungen derselben physikalischen oder astronomischen Grösse; überhaupt immer dann, wenn es sich um Messungen eines bestimmten Gegenstandes handelt, welcher thatsächlich selbst existirt, vorausgesetzt, dass alle diese Messungen mit derselben Präcision ausgeführt und constante Fehler ausgeschlossen sind; denn dann ist eine Abweichung nach der Seite des zu gross a priori ebenso wahrscheinlich wie eine Abweichung nach der Seite des zu klein. Wenn man z. B. den Polabstand eines bestimmten Sternes wieder und wieder misst, so erhält man eine beliebig grosse Anzahl von Werthen, die, nach der Grösse der Abweichungen von ihrem Mittelwerthe geordnet, sich dem Gauss'schen Gesetz um so mehr anschliessen werden, je grösser die Anzahl der Beobachtungen ist, und wenn man die Anzahl der Messungen ins Unbegrenzte vermehren könnte, würde man im arithmetischen Mittel aus allen Messungen den wahren Polabstand dieses Sternes erhalten.

Man kann aber vom arithmetischen Mittel einen viel umfangreichern Gebrauch machen und thut das auch, indem man es zur Zusammenfassung von Grössen benutzt, welche sich nicht auf denselben concreten Gegenstand, sondern auf beliebig viele Gegenstände derselben Art beziehen. In diesem Sinne kann man z. B. nach dem mittleren Polabstand aller Sterne einer bestimmten Grössenclasse fragen. Ob dem Mittelwerth alsdann ein reeller Gegenstand entspricht, ob es also einen Stern giebt, dem jener mittlere Polabstand thatsächlich zukommt, oder nicht, ist dabei ganz gleichgültig.

Dieser Art sind alle meteorologischen Mittelwerthe.

Die Annahme, dass von allen Einzelgrössen jetzt auch ebensoviele nach der einen wie nach der andern Seite vom arithmetischen Mittel abweichen sollten, oder dass die Wahrscheinlichkeit gleich grosser Abweichungen für beide Seiten dieselbe wäre, ist hier a priori ganz unbegründet, und es lässt sich über die Gestalt der Häufigkeitscurve von vorn herein nur unter besondern Umständen etwas aussagen. Es ist denkbar und kommt vor, dass die Curve symmetrisch verläuft, die Regel aber ist das nicht.

A. Quetelet hat in seinen „Lettres sur la théorie des probabilités“ (Bruxelles 1846) die asymmetrische Vertheilung der Abweichungen um das arithmetische Mittel ziemlich ausführlich behandelt. Durch die ganze Betrachtung zieht sich aber stillschweigend die Annahme, dass auch jetzt noch das arithmetische Mittel der wahrscheinlichste Werth sei. Deshalb ist die hieran geknüpfte Theorie nicht einwurfsfrei, und mit Recht hat schon Fechner darauf hingewiesen, dass, wenn man das einzige von Quetelet herangezogene Beispiel (die tägliche Temperaturschwankung zu Brüssel) eingehender discutirt, man die Quetelet'sche Theorie an ihm selbst widerlegen kann.

Fechner hat „an zahlreichen Fällen der Asymmetrie aus anthropologischem, botanischem, artistischem und meteorologischem Gebiete“ ausnahmslos den Satz bestätigt gefunden, dass entweder alle drei Hauptwerthe zusammenfallen, oder dass, wo C von A wesentlich abweicht — d. h. der Art abweicht, dass die Möglichkeit eines Verschwindens der Differenz C — A bei Vermehrung der Beobachtungen ausgeschlossen ist — auch S mit keinem von beiden zusammenfällt, sondern noch über C hinaus von A abliegt.

Wenn man indessen die im speciellen Theile dieser Schrift mitzutheilenden Zahlenreihen hierauf hin prüft, so dürfte man zu der Ueberzeugung gelangen, dass auch der Fechner'sche Satz nicht allgemein gilt. Wie es scheint, kann es wohl vorkommen, dass zwei

Hauptwerthe zusammenfallen, ohne dass sich auch der dritte mit ihnen zu vereinigen braucht. Man wird sich hierüber nicht wundern, wenn man bedenkt, dass die Verallgemeinerung derartiger Sätze ein ausserordentlich umfangreiches und mühselig zu beschaffendes Material erfordert, und dass es nicht selten allein dem Zufall zu danken ist, wenn man ein Beispiel findet, das von den übrigen wesentlich abweicht.

Wir wenden uns nun zu einer allgemeinen Besprechung der Formen der Häufigkeitscurven und der relativen Lage der Hauptwerthe, wie sie durch die Natur der einzelnen meteorologischen Elemente bedingt werden. Dabei aber wollen wir uns auf das arithmetische Mittel und den Scheitelwerth beschränken. Der Centralwerth hat meteorologisch keine hervorragende Bedeutung, seine Kenntniss ist zwar insofern von Interesse, als man für jeden Einzelwerth unmittelbar angeben kann, ob er häufiger über- oder häufiger unterschritten wurde, aber dieses Interesse ist doch zu gering, als dass man deshalb C berechnen sollte. Zudem verführt diese Eigenschaft des Centralwerthes leicht zu der Meinung, dass er selbst der wahrscheinlichst zu erwartende Werth sei, ein Irrthum, der thatsächlich von Plantamour[1]) bei der Behandlung der Niederschlagsverhältnisse von Genf begangen ist. Dies ist, soweit ich die Litteratur übersehe, das einzige Mal, dass von dem C in der Meteorologie Gebrauch gemacht worden ist.

Von wesentlicher Bedeutung für die Gestalt der Häufigkeitscurve ist das etwaige Vorhandensein oder Fehlen fester Grenzen für die in Frage stehenden Einzelwerthe.[2])

Feste Grenzen anzunehmen sind wir für den Luftdruck und die Lufttemperatur nicht berechtigt; denn wenn auch die Beobachtungen einer gegebenen Zeit innerhalb bestimmter Grenzen liegen, so hindert doch nichts die Annahme, dass diese Grenzen in früheren Zeiten überschritten worden sind oder in Zukunft noch weiter hinausgerückt werden müssen. Man könnte deshalb eine symmetrische Anordnung aller Einzelwerthe wohl für möglich halten, und in der That hat man fast immer, wenn man einmal auf die Verschiedenartigkeit der posi-

---

[1]) Plantamour, Nouv. Etudes sur le Climat de Genève, Mém. de la Soc. de physique et d'hist. nat. de Genève, T. 24, 1876.

[2]) Köppen: Die Aufeinanderfolge der unperiodischen Witterungserscheinungen. Repertorium f. Meteorologie II, S. 207, 1871.

tiven (Δ_+) und der negativen (Δ_-) Abweichungen stiess, an der Hoffnung festgehalten, die in den Reihen hervortretenden Asymmetrien möchten in der noch zu geringen Anzahl der Beobachtungen ihren Grund haben, und länger fortgesetzte Messungen möchten sie wohl verschwinden machen. Allein wenn man — was uns hier zu weit führen würde[1]) — auf die Ursachen eingeht, welche namentlich die extremen Werthe bedingen, so findet man einen symmetrischen Verlauf der Wahrscheinlichkeitscurve doch zum mindesten sehr wenig wahrscheinlich.

Von der Asymmetrie der Barometercurve spricht schon Bravais in einem Briefe an A. Quetelet (17. Jan. 1845)[2]) als von etwas Bekanntem, und dass bei uns im Winter die tiefsten Temperaturen weiter vom arithmetischen Mittel abweichen als die höchsten und im Sommer die höchsten weiter als die tiefsten, ist ebenfalls lange bekannt. Dennoch fehlt es bislang an klimatologischen Studien über die Gestalt der Wahrscheinlichkeitscurve und deren Aenderung im Laufe des Tages und des Jahres, Untersuchungen, welche für die Witterungs- und die Klimalehre von allergrösster Bedeutung sein werden.

In Fig. 7 sind die Wahrscheinlichkeitscurven des Barometerstandes zu Wien für die Monate Januar und Juli nach den stündlichen Registrirungen, welche in den Jahrbüchern der k. k. Centralanstalt für Meteorologie und Erdmagnetismus für 1876—1887 veröffentlicht sind, mitgetheilt.[3]) Die sämmtlichen Registrirungen jedes Monats jener 12 Jahre wurden nach Gruppen von je 1 mm Umfang geordnet, die erhaltenen Reihen in der S. 16 angegebenen Weise ausgeglichen, die Wahrscheinlichkeit jeder Gruppe nach Promillen berechnet und dann durch die Curven Fig. 7 abgebildet.

---

[1]) Vergl. hierüber H. Meyer: Ueber die Häufigkeit des Vorkommens gegebener Temperaturgruppen in Norddeutschland. Met. Zeitschr. 4, S. 428, 1887; Sprung: Ueber die Häufigkeit beobachteter Lufttemperaturen in ihrer Beziehung zum Mittelwerthe derselben. Met. Zeitschr. 5, S. 141, 1888; Köppen: l. c. und: Häufigkeit bestimmter Temperaturen in Berlin, verglichen mit trüben und heitern Klimaten. Met. Zeitschr. 5, S. 230, 1888.

[2]) Quetelet: Lettres sur la théorie des probabilités. Bruxelles 1846, p. 413.

[3]) Hier und im Folgenden sind die Curven als gebrochene Linien gezeichnet, um nichts zu verwischen, was etwa characteristisch scheinen könnte.

Die Lage des arithmetischen Mittels ist durch einen kleinen Kreis mit beigefügtem A markirt.

Beide Curven haben das Gemeinsame, dass der Anstieg zum Scheitel mit wachsendem Luftdruck langsamer erfolgt als der Abfall, im Uebrigen sind sie sehr verschieden, der verschiedenen Jahreszeit entsprechend. Besonders hervorgehoben werden mögen noch die secundären Scheitel der Januarcurve zu beiden Seiten des Hauptscheitels, sie gehören der Curve wesentlich an und haben ihren Grund in den Cyclonen und Anticyclonen, welche im Winter die Witterungsverhältnisse von Wien häufiger beherrschen und in ausgebildeterer Gestalt diese Gegend besuchen als im Sommer, und zwar sind, wie die Curve zeigt, die Cyclonen häufiger und bezüglich des arithmetischen Mittels von geringerer Abweichung als die Anticyclonen. Aus der Verschiebung dieser secundären Scheitel im Laufe des Tages wird man die tägliche Periode der Cyclonen und Anticyclonen ableiten können, über die man bislang nicht viel mehr weiss, als dass sie sich mit Hülfe arithmetischer Mittelwerthe des Luftdrucks nicht den Erwartungen entsprechend darstellen lassen. Den Grund hierfür übersieht man leicht.

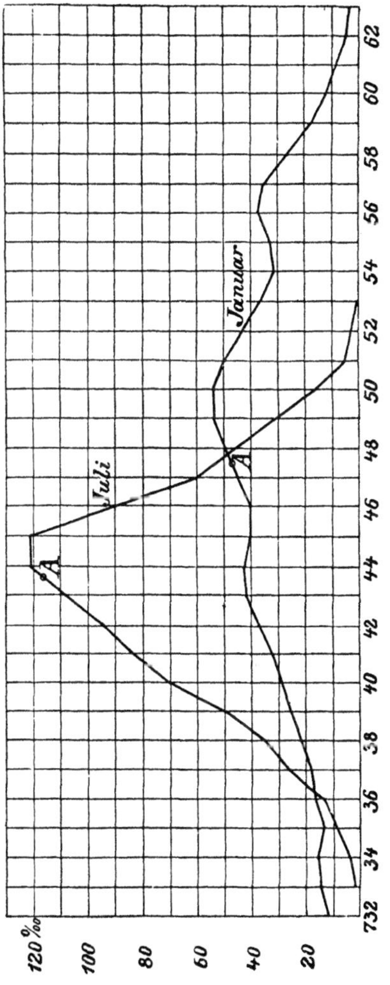

Fig. 7. Wahrscheinlichkeitscurve des Luftdrucks nach den Registrirungen zu Wien. 1873—87.

Zur Veranschaulichung des sehr verschiedenen Laufs der Wahrscheinlichkeitscurve für die Lufttemperatur zu verschiedenen Zeiten des Jahres, ist diese für die Nachmittagsbeobachtungen zu Breslau in Fig. 8 für März und November wiedergegeben. Als Umfang der Intervalle, nach denen die Beobachtungen geordnet sind, wurde 1° C. gewählt und dann ebenso verfahren wie bei Fig. 7. Man sieht, dass bei gleichem arithmetischen Mittelwerth aller Beobachtungen

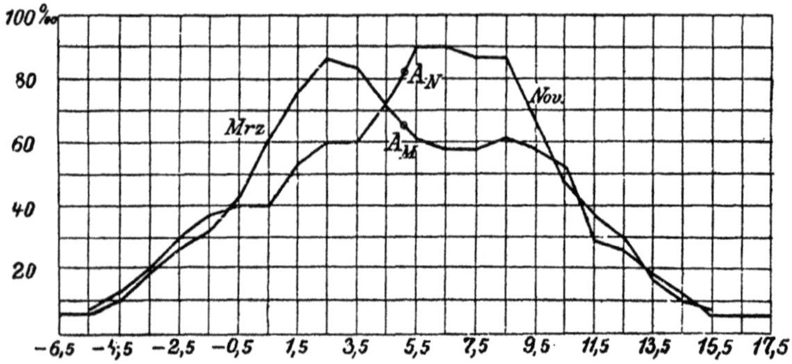

Fig. 8. Wahrscheinlichkeitscurve der Lufttemperatur zu Breslau. 1876—85. 2^h p. m. — März und November.

die Gestalt der Häufigkeitscurve in beiden Monaten fast die entgegengesetzte ist; man würde also sehr fehl gehen, wenn man aus der Gleichheit des A auf auch nur angenähert gleiche Temperaturverhältnisse um 2^h p. m. im März und November schliessen wollte. Bei der Bearbeitung der Angaben über die Lufttemperatur werden wir hierauf näher einzugehen haben; hier genügt es gezeigt zu haben, dass die Lage des A in der Häufigkeitscurve gegen das S bei der Lufttemperatur mit der Jahreszeit sehr variabel ist, variabler noch als beim Luftdruck. Dass unter günstigen Umständen die Häufigkeitscurve einmal eine sehr nahe, oder vielleicht auch ganz symmetrische Gestalt annehmen kann, ist natürlich nicht ausgeschlossen, doch tritt das nur ausnahmsweise ein.

Bei den übrigen meteorologischen Elementen haben wir auf feste Grenzen Rücksicht zu nehmen, wodurch, sofern diese Schranken für den Spielraum der Werthe auch in Wirklichkeit von Einfluss sind, ein asymmetrischer Verlauf der Häufigkeitscurve von vorn herein wahrscheinlich wird.

Bei der absoluten Luftfeuchtigkeit, dem Sättigungsdeficit, der Windgeschwindigkeit und der Niederschlagshöhe sowie der interdiurnen Temperaturänderung und den Abweichungen der Einzelgrössen vom arithmetischen Mittel oder vom Scheitelwerth, insoweit wir diese letzteren Grössen ohne Rücksicht auf ihr Vorzeichen betrachten, haben wir nur eine feste Grenze, nämlich Null, zu berücksichtigen, bei der relativen Feuchtigkeit der Bewölkung und der Häufigkeit irgend eines Elementes dagegen zwei.

Die Existenz fester Grenzen macht sich in der Regel dadurch geltend, dass die Beobachtungen sich in der Nähe der Grenzen zusammendrängen. Wir werden daher im Allgemeinen sagen können, dass das arithmetische Mittel, wenn nur eine untere Schranke vor-

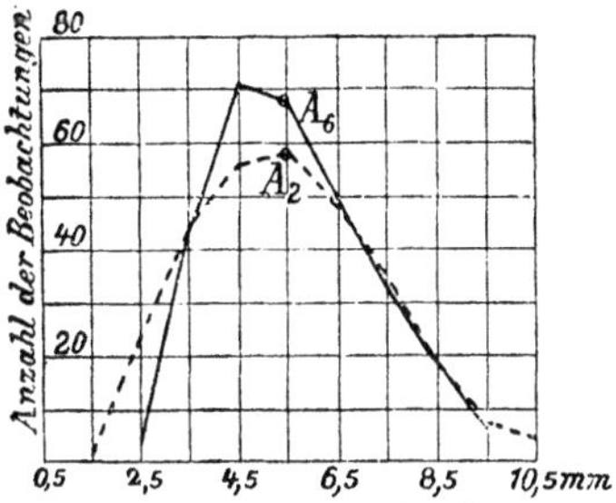

Fig. 9. Häufigkeitscurve der absoluten Feuchtigkeit zu Breslau. 1876—85.

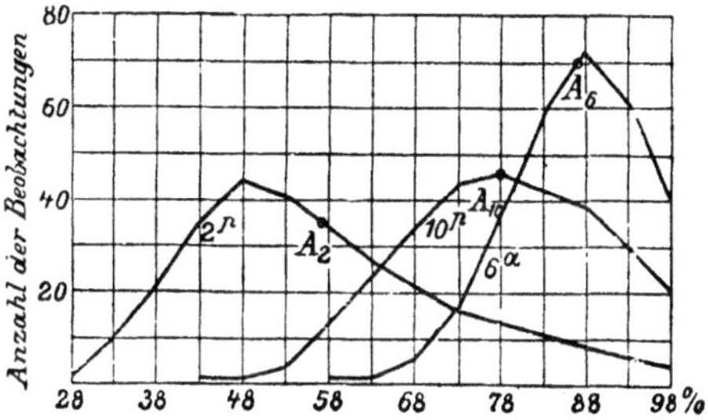

Fig. 10. Häufigkeitscurve der relativen Feuchtigkeit zu Breslau. 1876—85.

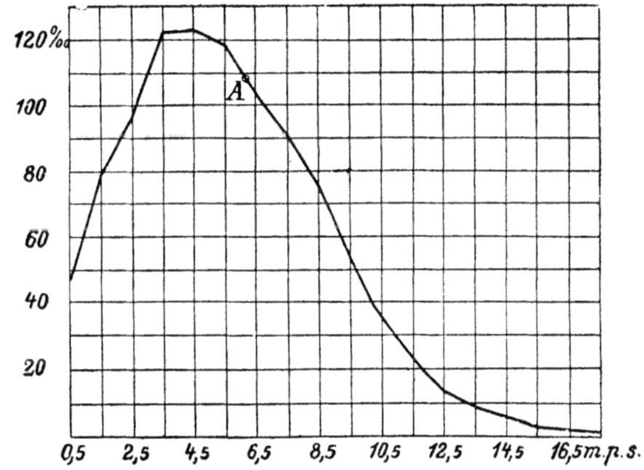

Fig. 11. Wahrscheinlichkeitscurve der Windgeschwindigkeit zu Keitum. Fünf Jahre.

handen ist, in der Regel grösser ausfallen wird als der vorherrschende Werth, also S zwischen A und dem Grenzwerth liegt. Sind die Beobachtungen zwischen zwei Grenzen eingeschlossen, so fällt das A zuweilen auf einen Werth, der selbst relativ sehr selten, vielleicht auch garnicht beobachtet wird, Verhältnisse, welche in unsern Gegenden bei der Bewölkung die Regel bilden.

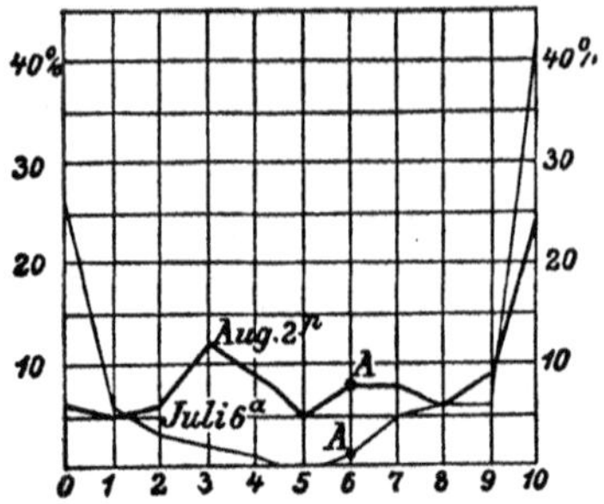

Fig. 12. Wahrscheinlichkeitscurve der Bewölkungsgrade zu Breslau. 1876—85.

Die Figuren 9 bis 12 geben die Häufigkeitscurven für einige Elemente, um einen ungefähren Einblick in diese Verhältnisse zu ermöglichen. Dabei habe ich absichtlich extreme Fälle vermieden, welche die Asymmetrie noch mehr hervortreten lassen würden, um jede Parteilichkeit gegen das arithmetische Mittel auszuschliessen. Ohne auf die Discussion der Curven hier weiter einzugehen, will ich nur bemerken, dass die Grenzen ohne Bedeutung für die Curven werden können, wenn die Einzelwerthe den Grenzen fern genug bleiben, dass sie aber nicht selten auch dann noch von Einfluss sind, wenn sie selbst durch die Beobachtungen in Wirklichkeit nicht erreicht werden. Das ist z. B. bei der absoluten Feuchtigkeit der Fall (Fig. 9); und ähnlich gestalten sich die Dinge bei den monatlichen Niederschlagsmengen in Gegenden, wo absolut regenfreie Monate nicht vorkommen.

Hiernach kann an der asymmetrischen Vertheilung der Einzelgrössen um die Hauptwerthe auf dem Gebiete der Meteorologie nicht gezweifelt werden. Eine andere Frage ist es aber, ob nicht die bezüglich des S gebildeten Δ_+ und Δ_- für sich dem Gauss'schen Gesetze gehorchen, in das dann für die Δ_+ andere Constante eintreten würden wie für die Δ_-. Fechner hat gefunden, dass dieses durchweg der Fall ist, und zwar, wenn die Asymmetrie nicht allzu gross war, auch bei den mit Rücksicht auf A gebildeten Δ bei Zusammenrechnung der Δ_+ und Δ_-. Es mag das auch auf meteorologischem Gebiete vorkommen (vergl. Sprung l. c.), ist aber jedenfalls nicht immer der Fall (man sehe z. B. in Fig. 7 die Januarcurve an). Ich bin hierauf einstweilen nicht weiter eingegangen, weil es sich hier nicht darum handelte, eine Theorie der Asymmetrie zu geben, sondern nur darum, zu zeigen, dass in der Klimatologie die Asymmetrie ein wesentliches Interesse in Anspruch nimmt.

Demnach können wir das Endergebniss dieses Capitels folgendermaassen formuliren: **Dem arithmetischen Mittel kommt in der Klimatologie nur die Eigenschaft zu, die gleiche**

Summe positiver und negativer Abweichungen zu haben; die vorherrschende unter den Einzelgrössen ist der Scheitelwerth, dessen Einführung in die Klimalehre daher zur Nothwendigkeit wird.

3. Die Fehlerrechnung.

Bei allen astronomischen und physikalischen Messungen bildet die Discussion der dabei begangenen Fehler einen integrirenden Theil der Untersuchung; denn nur dadurch kann man ein Urtheil über die Genauigkeit und Schärfe der erhaltenen Resultate bekommen. Die hierfür maassgebenden Gesetze sind von Gauss[1]) aufgestellt. Sie haben zur Voraussetzung, dass die Fehler nur durch Zufälligkeiten bedingt sind und im Besondern gleich grosse Fehler in Plus und in Minus gleich wahrscheinlich sind. Je grösser alsdann die Zahl der Messungen ist, um so mehr wird sich die Vertheilung der Fehler um das arithmetische Mittel nach dem auf S. 18 angeführten Gauss'schen Gesetze ordnen. Wir brauchen hierauf nicht weiter einzugehen, wir haben uns hier vielmehr mit der Definition der „Fehler" zu befassen, die aus dem physikalischen und astronomischen Gebiete in das meteorologische übertragen worden sind.

Wenn derselbe Gegenstand nach derselben Methode und mit gleicher Sorgfalt bei Ausschluss constanter Fehler n mal nach einander gemessen ist, so wird das arithmetische Mittel aus allen diesen Werthen der wahren Grösse des gemessenen Gegenstandes um so näher kommen, je grösser n ist (vergl. S. 19). Die Abweichungen $\varDelta_1, \varDelta_2, \varDelta_3, \ldots$ der einzelnen Messungen vom arithmetischen Mittel aller, bezeichnet man als die Fehler der einzelnen Messungen. Bei jeder Messmethode giebt es nun immer einen Fehler, welcher bei dieser Methode häufiger vorkommen kann, als bei irgend einer andern Methode; diesen nennt man den „mittleren Fehler", er findet sich als Abscisse des Wendepunktes der Curve Fig. 6 und wird berechnet aus

$$1)\quad f = \pm\sqrt{\frac{\Sigma \varDelta^2}{n(n-1)}}.$$

[1]) Gauss: Theoria combinationis observationum erroribus minimis obnoxiae; Comment. R. Societ. Gotting. rec. Vol. V. 1819—22.

Wichtiger noch als diese Grösse ist der „wahrscheinliche Fehler“ w; er hat die Eigenschaft, dass er die nach der Grösse des absoluten Betrages geordnete Fehlerreihe in zwei gleiche Hälften theilt, so dass die eine Hälfte alle Fehler enthält, welche grösser, und die andere alle die, welche kleiner als w sind. Es entspricht also der wahrscheinliche Fehler dem Centralwerth in der Fehlerreihe. Die Bezeichnung „wahrscheinlicher“ Fehler rechtfertigt sich also insofern, als es ebenso wahrscheinlich ist, dass ein Fehler seinem absoluten Betrage nach grösser, als dass er kleiner ausfällt als w. Zur Berechnung des wahrscheinlichen Fehlers dient die Formel

$$2)\quad w = \pm\, 0{,}67449 \times \sqrt{\frac{\Sigma \Delta^2}{n(n-1)}}.$$

Diese von Gauss aufgestellte streng gültige Formel ist bei grossem n wegen der Quadrirung aller einzelnen Δ etwas unbequem. Man hat sich deshalb bemüht eine Formel abzuleiten, welche $\Sigma \Delta$ an Stelle von $\Sigma \Delta^2$ enthält. So sind verschiedene Forscher unabhängig von einander zu demselben Ausdruck gekommen, der dann durch Fechner[1]) kritisch bearbeitet und auf folgende sehr bequeme Formel gebracht worden ist:

$$3)\quad w = \pm\, \frac{1{,}1955}{n\sqrt{2n-1}}\, \Sigma \Delta; \quad \log.\ 1{,}1955 = 0{,}07755.$$

Sobald $n > 20$ ist, liefert die Rechnung nach dieser Formel immer hinreichend genaue Resultate; für kleinere Werthe von n bedient man sich besser der Formel 2).

Auch 3) beruht auf derselben Voraussetzung wie 1) und 2), dass die Δ_+ und Δ_- gleich wahrscheinlich sind. Daraus folgt auch gleiche Wahrscheinlichkeit in Plus und Minus für f und w, weshalb man, wie es hier auch geschehen ist, diesen Werthen passend das Vorzeichen $\pm$ giebt.

Diese Formeln hat man nun auch auf die meteorologischen Beobachtungen übertragen, indem man hier die Abweichungen der Einzelwerthe vom Mittel wie die Fehler bei astronomischen und physikalischen Messungen behandelt hat. Dabei hat man sich nicht auf den wahrscheinlichen Fehler beschränkt, sondern hat auch mit

---

[1]) Fechner: Ueber die Bestimmung des wahrscheinlichen Fehlers eines Beobachtungsmittels durch die Summe der einfachen Abweichungen. Poggendorff's Annalen, Jubelband, S. 66, 1874.

seiner Hilfe die Anzahl der Jahre berechnet, aus denen Beobachtungen vorliegen müssen, damit der wahrscheinliche Fehler des Gesammtmittels A bis auf einen gegebenen Betrag herabsinkt. Ist nämlich n die gesuchte Zahl von Jahren, welche den wahrscheinlichen Fehler auf w herabmindern soll, und entspricht w_1 einer Reihe von n_1 Jahren, so ist

$$4)\quad n = n_1 \left(\frac{w_1}{w}\right)^2.$$

Allerdings wendet man in der Meteorologie diese Formeln nicht auf die Abweichungen Δ der Einzelbeobachtungen im Sinne des vorigen Capitels vom langjährigen Mittel A an, sondern auf die Abweichungen δ der Monatsmittel a (Fractionsmittel) der einzelnen Jahre von den zugehörigen Monatsmitteln A der ganzen Reihe von Jahren (Totalmittel). Erfahrungsgemäss sind diese δ kleiner als jene Δ.

Dass die Anwendung der Fehlerrechnung auf die Δ unzulässig sein würde, ist klar; denn nach dem vorigen Capitel sind die Δ um das A wesentlich asymmetrisch vertheilt, und nicht, wie es für die obigen Formeln Voraussetzung ist, nach dem Gauss'schen Gesetze, oder wie wenn für sie der reine Zufall maassgebend wäre. Selbstverständlich dürfen wir aber unsere Formeln auch nur unter dieser Voraussetzung auf die δ zur Anwendung bringen. Dass aber die Vertheilung der δ um das A wesentlich symmetrisch ausfallen sollte, wo die Vertheilung der Δ um denselben Werth wesentlich asymmetrisch ist, werden wir kaum erwarten dürfen; jedenfalls dürfen wir diese Annahme nicht, wie es bislang geschehen ist, stillschweigend als erfüllt voraussetzen, wir müssen sie vorher prüfen.

In der im vorigen Capitel citirten Arbeit hat Fechner diese Prüfung bezüglich der Lufttemperatur bereits ausgeführt, er sagt S. 69: „Gelegentlich hierzu die Bemerkung, dass ich nach einer sehr ausgedehnten Untersuchung der, von Dove in verschiedenen Abhandlungen mitgetheilten, thermischen Monatsabweichungen für Europa und Nordamerika durchschnittlich eine positive Asymmetrie [d. h. eine grössere Anzahl der δ_+ als der δ_-] der Wintermonate und eine doch geringere negative der Sommermonate bezüglich der allgemeinen (d. i. vieljährigen) arithmetischen Mitteltemperatur des Monats gefunden habe, womit in angebbarer Weise ein durchschnittliches gegentheiliges Uebergewicht der negativen extremen Abweichung in den Wintermonaten, der positiven in den Sommermonaten über die entgegengesetzte extreme Abweichung zusammenhängt. Beides erleidet freilich zufällige Ausnahmen und stellt sich nur bei grösserer Zahl der Werthe und Vergleich vieler Orte durch die Zufälligkeiten durch mit Sicherheit heraus.“ Als Beispiel hierzu giebt er die Anzahl der δ_+ und δ_- für 90jährige Beobachtungen zu Wien; ich füge dieselben Zahlen für die von Hann (Temperaturverhältnisse der österr. Alpenländer II, S. 50, Sitzungsber. der Wiener Akademie, mathem. naturw. Classe, II. Abth. 1885) revidirten 55jährigen Wiener Beobachtungen (1830—84) unter Fortlassung der wenigen Jahre mit der Abweichung Null bei, um den Einwand zu entkräften, die von Fechner benutzte Reihe sei nicht homogen.

Tab. 2. **Anzahl der positiven und negativen Abweichungen der Monatsmittel der Lufttemperatur zu Wien.**

		J.	F.	M.	A.	M.	J.	J.	A.	S.	O.	N.	D.
90 Jahre	δ_+ . .	47	48	50	46	44	44	44	44	46	45	47	52
	δ_- . .	43	42	40	44	46	46	46	46	44	45	43	38
55 Jahre	δ_+ . .	31	29	28	25	29	26	24	26	26	27	26	30
	δ_- . .	22	25	24	30	25	28	28	28	28	28	28	25

Eine detaillirtere Untersuchung der Vertheilung der δ um A hat bei einer so geringen Anzahl von Werthen keinen Zweck, man wird die Häufigkeitscurve doch nicht ableiten können.

Für den Luftdruck sind derartige einwurfsfreie Prüfungen noch nicht angestellt worden. Ich habe daher für die drei sichersten 60jährigen Reihen (1826—85), welche Hann in „Die Vertheilung des Luftdrucks über Mittel- und Süd-Europa“ (Penck's Geograph. Abh. Bd. II, Heft 2, Wien 1887) veröffentlicht hat, die Anzahl der δ_+ und δ_- bestimmt und folgende Zahlen dafür erhalten.

Tab. 3. **Anzahl der positiven und negativen Abweichungen der Monatsmittel des Barometerstandes.**

		J.	F.	M.	A.	M.	J.	J.	A.	S.	O.	N.	D.
Warschau	δ_+ . . .	28	31	29	30	28	29	35	30	27	29	28	30
	δ_- . . .	32	29	31	30	32	31	25	30	33	31	32	30
Kremsmünster	δ_+ . . .	27	29	26	27	29	28	29	33	22	30	27	30
	δ_- . . .	33	31	34	33	31	32	31	27	38	30	33	30
Paris	δ_+ . . .	27	32	28	30	29	26	31	30	28	31	31	31
	δ_- . . .	33	28	32	30	31	34	29	30	32	29	29	29

Wie man sieht, sind die Unterschiede in der Häufigkeit der δ_+ und δ_- nicht sehr erheblich, im Allgemeinen ist ein Ueberwiegen der δ_- aber doch nicht zu verkennen, und dieser Unterschied wird sich bei längeren Beobachtungsreihen eher verstärken als ausgleichen. Nach meinem Dafürhalten sprechen diese Zahlen eher für eine wesentlich asymmetrische als für eine symmetrische Vertheilung der δ um das arithmetische Totalmittel.

In Betreff der Niederschläge habe ich diese Frage bereits früher[1]) behandelt. Später habe ich gesehen, dass auch Plantamour[2]) für die Niederschlagshöhe in Genf bereits häufiger negative als positive Abweichungen gefunden hat. Auch Hann hat bei der Behandlung der Regenverhältnisse von Oesterreich-Ungarn[3]) schon gesagt: „Bemerkenswerth ist, dass allgemein die Maxima

Tab 4. **Anzahl der positiven und negativen Abweichungen vom Mittel der Niederschlagshöhe.**

		J.	F.	M.	A.	M.	J.	J.	A.	S.	O.	N.	D.	Jahr
Genf (50 J.)	δ_+	22	19	18	21	21	24	22	24	21	19	21	21	26
	δ_-	28	31	32	29	29	26	28	26	29	31	29	29	24
München (33 J.)	δ_+	13	14	18	18	13	14	16	20	18	12	15	16	16
	δ_-	20	19	15	15	20	19	17	13	15	21	18	17	17
Petersburg (47½ J.)	δ_+	20	20	19	21	22	21	23	19	20	19	19	22	21
	δ_-	27	27	28	26	25	26	25	29	28	29	29	26	26
Katharinenburg (47 J.)	δ_+	19	20	19	23	21	26	22	21	15	16	17	21	25
	δ_-	28	27	28	24	26	21	25	26	32	31	30	26	22
Warschau (66 J.)	δ_+	25	25	26	27	33	33	29	27	23	29	30	25	30
	δ_-	40	40	40	39	33	33	36	39	42	37	36	41	35
Konstantinopel (38½ J.)	δ_+	14	20	16	15	18	18	14	15	15	13	20	12	18
	δ_-	25	19	23	24	21	21	24	23	23	25	18	27	20
Peking (33 J.)	δ_+	7	13	10	12	13	15	15	16	14	14	12	11	15
	δ_-	24	19	22	21	20	18	18	17	19	19	21	22	17

[1]) H. Meyer, Die Niederschlagsverhältnisse von Deutschland, insbesondere von Norddeutschland, Archiv der Deutschen Seewarte XI, Nr. 6, 1888, Hamburg 1889.

[2]) Plantamour, Nouv. Etudes sur le Climat de Genève, Mém. de la Soc. de phys. et d'hist. nat. de Genève T. 24, 1876.

[3]) Hann, Untersuchungen über die Regenverhältnisse von Oesterreich-Ungarn, 2 Th. Wiener Berichte, II. Abth., Bd. 81. 1879.

weiter über den Mittelwerth hinausgehen, als die Minima unter denselben hinabsinken," womit dann ein Uebergewicht der δ_- der Anzahl nach gegeben ist. Zur Beurtheilung dieses Unterschiedes zwischen der Häufigkeit der δ_+ und der δ_- füge ich in Tab. 4 den früher von mir mitgetheilten Zahlenreihen die von Plantamour für 50jährige Genfer Beobachtungen gegebenen bei.

Auf den Grund des unverkennbaren Vorwaltens der δ_- haben wir später einzugehen, hier genügt es, die Thatsache selbst constatirt zu haben.

Die mittlere Zahl der Tage mit Niederschlag eines Monats beträgt bei uns ungefähr die Hälfte aller Tage. Es ist daher nicht auffällig, wenn hier die Anzahl der δ_+ von der der δ_- nicht erheblich und nicht immer in demselben Sinne abweicht. In allen Gegenden aber, wo die durchschnittliche Zahl der Niederschlagstage sehr gross oder sehr klein ist im Vergleich zur Gesammtzahl der Monatstage, wird ein in der Natur begründeter Unterschied in der Häufigkeit der positiven und negativen Abweichungen zu erwarten sein. Die folgenden Reihen, welche unter dem arithmetischen Mittel die Anzahl der δ_+ und δ_- für Petersburg, Katharinenburg und Peking angeben, mögen dieses bestätigen.

Tab. 5. **Arithmetisches Mittel und Anzahl der δ_+ und δ_- für die Zahl der Tage mit Niederschlag.**

		J.	F.	M.	A.	M.	J.	J.	A.	S.	O.	N.	D.
Petersburg	Mittel	14,3	12,6	12,1	10,2	11,4	11,6	12,4	13,8	12,4	14,4	15,9	15,4
	δ_+	24	23	19	22	24	24	24	27	24	24	27	20
	δ_-	23	24	28	25	23	23	24	21	24	24	21	28
Katharinenburg	Mittel	5,9	5,3	5,1	6,4	9,8	12,6	12,9	12,1	10,5	8,1	7,6	6,9
	δ_+	23	19	17	24	22	25	25	27	24	20	19	21
	δ_-	24	28	30	23	25	22	22	20	23	27	28	26
Peking	Mittel	2,3	3,8	3,6	4,6	7,5	11,0	14,0	11,2	8,3	3,9	2,8	1,9
	δ_+	11	9	11	17	16	16	15	13	14	16	15	17
	δ_-	20	23	21	16	17	17	17	19	18	16	17	14

Hiernach besteht also eine wesentlich symmetrische Vertheilung um das arithmetische Mittel auch für die δ im Allgemeinen nicht. Da aber eine solche Vertheilung für die Formeln auf S. 27 u. 28 Voraussetzung ist, so folgt: Die Fehlerrechnung ist in der Meteorologie principiell unzulässig.

Nun ist freilich die Asymmetrie in der Vertheilung der monatlichen Abweichungen meist nicht sehr gross, und es liegt daher die Vermuthung nahe, dass die hierdurch bedingten Fehler der Resultate nicht sehr erheblich sein mögen, und dass man immerhin befriedigende Annäherungen an die wirklichen Verhältnisse gewinnt, zumal Fechner, wie bereits oben erwähnt wurde, auf den verschiedensten Gebieten gefunden hat, dass, wenn die Asymmetrie nicht gar zu gross war, und er die positiven und negativen Abweichungen zusammenrechnete, sich die erhaltenen Reihen dem Gauss'schen Gesetze ganz leidlich fügten. Jedenfalls aber wird man, wenn man die Fehlerrechnung in der Meteorologie anwenden will, eine Prüfung der Annäherung der Häufigkeitscurve an die Gauss'sche Curve nicht umgehen können. Als Muster für derartige Untersuchungen wird Sprung's Arbeit[1]) dienen können, in der man an Stelle der dort verwendeten Abweichungen (Δ) der Einzelwerthe vom Totalmittel die Abweichungen (δ) der Monatsmittel einzuführen hätte. Wie man dann bei nicht genügender Uebereinstimmung beider Curven den wahrscheinlichen Fehler zu berechnen hätte, wäre wohl nicht ganz leicht zu entscheiden. Am einfachsten wäre es vielleicht, auch jetzt noch dem wahrscheinlichen Fehler die Eigenschaft des Centralwerthes unter den Abweichungen beizulegen und ihn dementsprechend zu bestimmen, indem man die positiven und negativen Abweichungen, absolut genommen, zusammenrechnet. Doch lassen sich hiergegen gewichtige Bedenken geltend machen.

Ich bin hierauf nicht weiter eingegangen, weil ich glaube, wir können uns mit einer ungefähren Kenntniss der den Resultaten anhaftenden Fehler und der Anzahl der Jahre, welche zur Herabminderung des wahrscheinlichen Fehlers auf einem vorgesehriebenen Betrag vollauf begnügen. In dieser Hinsicht gewähren die einschlägigen Untersuchungen von Hann und Wild[2]), wenn sie auch nach den streng nicht zulässigen Regeln angestellt worden sind, eine z. Z. voll-

[1]) Sprung: Ueber die Häufigkeit beobachteter Lufttemperaturen in ihrer Beziehung zum Mittelwerth derselben. Met. Zeitschr. 5. S. 141. 1888.

[2]) Es seien hier nur genannt: Hann: Die Temperaturverhältnisse der österreichischen Alpenländer, I. Theil, Sitzungsberichte der Wiener Akademie, II. Abth. Bd. 90. S. 585, 1884; Die Vertheilung des Luftdrucks über Mittel- und Süd-Europa, Penck's geogr. Abh. Bd. II. Heft 2, 1887; Wild: Die Temperaturverhältnisse des russischen Reiches, Repertorium für Meteorologie, Supplementband I. Petersburg 1881, und Die Regenverhältnisse des russischen Reiches, ebd. Supplementbd. V. Petersburg 1887.

kommen ausreichende Orientirung. Wir wollen übrigens nicht vergessen, dass wir es, wo in der Klimatologie von Fehlern die Rede ist, niemals mit „Fehlern“ zu thun haben, sondern mit Grössen, welchen reale Vorgänge in der Natur entsprechen. — Ich bin der Meinung, man wird gut thun, die Fehlerrechnung in der Meteorologie einstweilen ganz ruhen zu lassen und Zeit und Mühe besser auf andere Untersuchungen, in erster Linie auf die Bestimmung der Scheitelwerthe, zu verwenden. Auch wenn man den wahrscheinlichen Fehler der arithmetischen Mittel angenähert kennt, so weiss man damit noch recht wenig, so lange man nicht die Stellung der Mittel zu den Scheitelwerthen kennt.

---

4. Die Bessel'sche Formel, rechnerische Interpolation und Ausgleichung.

Da alle meteorologischen Elemente periodischen Aenderungen unterworfen sind, welche in letzter Instanz in den periodischen Aenderungen der Stellung der Sonne gegen den Beobachtungsort ihren Grund haben, so hat man vielfach versucht, den täglichen und jährlichen Gang der meteorologischen Factoren durch eine mathematische Formel wiederzugeben. Diese Versuche gehören fast ganz der Zeit an, wo man noch über ein verhältnissmässig dürftiges Material verfügte und der Ansicht lebte, dass bei länger fortgesetzten Beobachtungen die noch vorhandenen Unregelmässigkeiten mehr und mehr verschwinden würden, und es konnte nicht ausbleiben, dass man, nachdem Bessel seine höchst elegante Formel zur Darstellung einer periodischen Function veröffentlicht hatte, in den Ergebnissen dieser Rechnung ein getreueres Bild des wahren Ganges der Erscheinungen zu haben glaubte als in den Beobachtungen selbst, ein Bild des „wahren Ganges“, wie er sich in der Natur abspielen würde, wenn keine Zufälligkeiten die Erscheinung störten. In den letzten Decennien hat man sich aber überzeugt, dass diese Ansicht doch nicht immer zutrifft, dass bei einigen Elementen gewisse Abweichungen bei lange Jahre hindurch fortgesetzten Beobachtungen nicht nur nicht verschwinden, sondern nur um so schärfer hervortreten, je zuverlässiger das Beobachtungsmaterial ist, so dass man diese Abweichungen als in der Natur begründet und zum Wesen der Erscheinungen gehörig anzusehen genöthigt wird. Es hat denn auch die Zahl der Verehrer der Bessel'schen Formel in ihrer Anwendung auf die Klimatologie stark abgenommen. Wild[1]) kommt z. B. zu dem Resultat, dass zur Erkenntniss der täglichen Periode der Lufttemperatur die Bessel'sche Formel (zum Theil wegen Beschränkung auf zu wenig Glieder) mehr geschadet als genützt hat, und dass hier der graphischen Darstellung unbedingt der Vorzug zu geben ist. In Betreff der Behandlung der jährlichen Periode mit Hilfe der genannten Formel lautet Wild's Urtheil etwas günstiger, doch glaubt er auch hier mit der Darstellung durch eine Curve ausreichend genaue Resultate in jedenfalls weit kürzerer Zeit zu erzielen. Ich habe nicht gefunden, dass Wild's Ansicht auf namhaften Widerspruch gestossen wäre. Der oben gegen die gewöhnliche graphische Darstellung erhobene Vorwurf, dass sie die Extreme abflache, trifft auch die Bessel'sche Formel, wenn man die Constanten derselben nach den Monatsmitteln berechnet. Jedenfalls hat man bei der Anwendung dieser Formel sehr vorsichtig zu sein und darf sich nicht auf zu wenig Glieder beschränken.

Anders freilich liegen die Dinge, wenn es sich darum handelt, fehlende Beobachtungen zu interpoliren; wenn es z. B. darauf ankommt, den Gang der Temperatur während der Nacht zu bestimmen, wo derselbe nur für die Tagesstunden und einige wenige Nachtstunden bekannt ist, oder auch wenn die Correctionen bestimmt werden sollen, um die Mittel aus gegebenen Terminbeobachtungen auf sog. wahre Mittel zu reduciren. In solchen Fällen wird die graphische Interpolation häufig zu unsicher oder ganz unausführbar, dann nimmt man am besten seine Zuflucht zur Bessel'schen Formel. Es soll deshalb hier in Kürze gezeigt werden, wie die Constanten derselben bestimmt werden, und wie sie selbst zur Interpolation zu verwenden ist. Dabei halte ich mich zunächst an die von Bessel[2]) selbst gegebene Form; diese ist:

$$1)\quad y = u_0 + u_1 \sin\left(U_1 + \frac{x}{k}\, 2\pi\right) + u_2 \sin\left(U_2 + \frac{x}{k}\, 4\pi\right) + \ldots \text{ in inf.}$$

Darin ist y die zur Phase x gehörige Amplitude vom Umfang k; u_0, u_1, u_2, ... U_1, U_2, ... sind Contacte. y erhält also, wie

[1]) H. Wild: Die Temperaturverhältnisse des russischen Reiches. Repert. f. Met. Supplementbd. I. Petersburg 1881.

[2]) Bessel: Astronomische Nachrichten No. 139. Bd. VI. 1828.

es der periodische Character erfordert, für Werthe von x, welche sich um ein ganzes Vielfaches von k unterscheiden, dieselben Werthe. Führen wir nun zur Abkürzung folgende Bezeichnungen ein:

$$p_0 = u_0,\ p_1 = u_1 \sin U_1,\ p_2 = u_2 \sin U_2, \ldots.$$
$$q_1 = u_1 \cos U_1,\ q_2 = u_2 \cos U_2, \ldots.$$

so nimmt 1) die einfachere Form an:

$$2)\quad y = p_0 + p_1 \cos \frac{x}{k} 2\pi + q_1 \sin \frac{x}{k} 2\pi + p_2 \cos \frac{x}{k} 4\pi + q_2 \sin \frac{x}{k} 4\pi + \ldots.$$

Von der im Allgemeinen unendlichen Anzahl von Constanten kann man so viele bestimmen, als man Werthe von y kennt. Seien diese $\alpha_0, \alpha_1, \alpha_2 \ldots$, und bezeichnet man die zugehörigen Werthe von $\frac{x}{k} 2\pi$ mit $z_0, z_1, z_2, \ldots$, so hat man zur Bestimmung der Constanten das folgende System von Gleichungen:

$$\alpha_0 = p_0 + p_1 \cos z_0 + q_1 \sin z_0 + p_2 \cos 2 z_0 + q_2 \sin 2 z_0 + \ldots$$
$$\alpha_1 = p_0 + p_1 \cos z_1 + q_1 \sin z_1 + p_2 \cos 2 z_1 + q_2 \sin 2 z_1 + \ldots$$
$$\alpha_2 = p_0 + p_1 \cos z_2 + q_1 \sin z_2 + p_2 \cos 2 z_2 + q_2 \sin 2 z_2 + \ldots$$
$$\ldots\ldots\ldots\ldots\ldots\ldots\ldots$$

Die Auflösung dieser Gleichungen gestaltet sich in dem Falle besonders einfach, wenn die $z_0, z_1, z_2, \ldots$ eine arithmetische Reihe bilden, also ihre Differenzen einen aliquoten Theil der Kreisperipherie betragen[1]). Ist die Anzahl der z gleich n, so kann man immer $z_0 = 0$ setzen und erhält dann folgende Reihe der z:

$$0,\ z,\ 2z,\ 3z, \ldots.. (n-1) z, \text{ wo } z = \frac{2\pi}{n},$$

das obige Gleichungensystem wird alsdann

$$3)\ \begin{cases} \alpha_0 = p_0 + p_1 + p_2 + \ldots \\ \alpha_1 = p_0 + p_1 \cos z + q_1 \sin z + p_2 \cos 2z + q_2 \sin 2z + \ldots \\ \alpha_2 = p_0 + p_1 \cos 2z + q_1 \sin 2z + p_2 \cos 4z + q_2 \sin 4z + \ldots \\ \ldots\ldots\ldots\ldots\ldots\ldots\ldots \\ \alpha_{n-1} = p_0 + p_1 \cos (n-1) z + q_1 \sin (n-1) z + p_2 \cos (n-1) 2z \\ \qquad + q_2 \sin (n-1) 2z + \ldots \end{cases}$$

---

[1]) Für den allgemeinen Fall, dass die z beliebig über die Periode vertheilt sind, hat Weihrauch in einer sehr beachtenswerthen Abhandlung: „Neue Untersuchungen über die Bessel'sche Formel und deren Verwendung in der Meteorologie" (Schriften der Naturforscher-Gesellschaft bei der Universität Dorpat. IV. 1888) die Lösung gegeben.

Es kommt nun darauf an, die $p_0, p_1, p_2, \ldots, q_1, q_2, \ldots$ so zu bestimmen, dass die durch diese Formeln erhaltenen Werthe der α sich den empirisch gefundenen möglichst eng anschliessen, oder so, dass die Summe der Quadrate der Abweichungen zwischen den gegebenen und den berechneten Werthen ein Minimum wird. Diese Bedingung drückt sich durch folgende Gleichung aus:

$$\Sigma \left\{ -\alpha_m + p_0 + p_1 \cos m z + q_1 \sin m z + \ldots \right\}^2 = \text{Mi.}$$
$$m = 0, 1, 2, \ldots (n-1).$$

Bezeichnen wir also die Differentialquotienten dieser Summe nach den unbekannten Grössen der Reihe nach mit $2 P_0$, $2 P_1$, $2 Q_1 \ldots$, so erhalten wir

$$P_0 = \Sigma \quad (-\alpha_m + p_0 + p_1 \cos m z + q_1 \sin m z + \ldots)$$
$$P_1 = \Sigma \cos m z \, (-\alpha_m + p_0 + p_1 \cos m z + q_1 \sin m z + \ldots)$$
$$Q_1 = \Sigma \sin m z \, (-\alpha_m + p_0 + p_1 \cos m z + q_1 \sin m z + \ldots)$$
$$P_2 = \Sigma \cos 2 m z \, (-\alpha_m + p_0 + p_1 \cos m z + q_1 \sin m z + \ldots)$$
. . . .

Die Auflösung dieser Gleichungen ist sehr einfach. Jedesmal nämlich, wenn $n A$ ein Vielfaches von 2π ist, so verschwinden die Summen

$$\sin A + \sin 2A + \sin 3A + \ldots + \sin (n-1) A.$$
$$1 + \cos A + \cos 2A + \cos 3A + \ldots + \cos (n-1) A.$$

Da nun alle Glieder unserer Gleichungen mit Ausschluss eines einzigen auf solche Summen zurückgeführt werden können, so bleibt für jede Gleichung nur dieses eine Glied übrig. Dieses ist

für die erste Gleichung $\Sigma p_0 = n p_0$

für die zweite Gleichung $\Sigma p_1 \cos^2 m z = \frac{n}{2} p_1$

für die dritte Gleichung $\Sigma q_1 \sin^2 m z = \frac{n}{2} q_1$

. . . .

Also
$$P_0 = -\Sigma \alpha_m + n p_0$$
$$P_1 = -\Sigma \alpha_m \cos m z + \frac{n}{2} p_1$$
$$Q_1 = -\Sigma \alpha_m \sin m z + \frac{n}{2} q 1$$
. . . .

und mithin werden die wahrscheinlichsten Werthe der Unbekannten der Gleichung 2)

$$4)\begin{cases} p_0 = \frac{1}{n}(\alpha_0 + \alpha_1 + \alpha_2 + \ldots + \alpha_{n-1}) \\ p_1 = \frac{2}{n}(\alpha_0 + \alpha_1 \cos z + \alpha_2 \cos 2z + \ldots + \alpha_{n-1} \cos [n-1] z) \\ q_1 = \frac{2}{n}(\alpha_1 \sin z + \alpha_2 \sin 2z + \ldots + \alpha_{n-1} \sin [n-1] z) \\ p_2 = \frac{2}{n}(\alpha_0 + \alpha_1 \cos 2z + \alpha_2 \cos 4z + \ldots + \alpha_{n-1} \cos [n-1] 2z) \\ q_2 = \frac{2}{n}(\alpha_1 \sin 2z + \alpha_2 \sin 4z + \ldots + \alpha_{n-1}) \sin [n-1] 2z) \end{cases}$$

Mit diesen Werthen sind dann auch, wenn man auf 1) zurückgehen will, die Constanten u_0, u_1, u_2, ... U_1, U_2, ... gegeben, und damit ist die Aufgabe gelöst.

Die practische Verwendbarkeit hängt natürlich, abgesehen von den oben angeführten Bedenken, wesentlich von der Anzahl der Glieder ab, welche man in 1) oder 2) zu berücksichtigen hat.

Will man die Bessel'sche Formel weiter benutzen, um die extremen Werthe der Function und die Phasen zu bestimmen, denen jene zugehören, so hat man 1) nach x zu differentiiren und den Differentialquotienten = 0 zu setzen:

$$5)\ u_1 \cos\left(U_1 + \frac{x}{k}\,2\pi\right) + 2u_2\left(U_2 + \frac{x}{k}\,4\pi\right) + \ldots = 0.$$

Um die Zeit zu bestimmen, zu welcher die durch 1) dargestellte Function ein Maximum oder ein Minimum erreicht, hat man diese Gleichung (in abgekürzter Form) nach x aufzulösen. Der Werth von y selbst ergiebt sich durch Substitution dieses x in 1). Die Auflösung von 5) nach x kann, da man aus den Beobachtungen oder aus den nach 1) berechneten Werthen von y, die extremen Werthe bereits angenähert kennt, sehr einfach nach der Regula falsi ausgeführt werden.

Einen andern weniger bekannten, aber nicht minder directen Weg hat Jelinek[1]) angegeben. Man kennt, wie schon gesagt, angenähert die Zeit, zu welcher die Extreme erreicht werden, wo also die Curve, welche den Gang des fraglichen Elementes darstellt, einen Wendepunkt hat. In der Nähe der Extreme bildet

---

[1]) Jelinek: Ueber den täglichen Gang der vorzüglichsten meteorologischen Elemente zu Prag. Wiener Denkschriften, mathem. naturw. Classe II, 2. S. 90, 1851.

man die ersten, zweiten und eventuell höhern Differenzen (Δ^1, Δ^2, ...) der aufeinander folgenden Werthe von y. Dann markirt sich ein Wendepunkt dadurch, dass die ersten Differenzen (Δ^1) ihr Zeichen wechseln. Ist nun M der extreme Werth eines Elementes, welcher um die zu x gehörige Zeit beobachtet wurde, so ist der um t Stunden ($t < 1$) später stattfindende Werth des Elementes gegeben durch

$$M + t\Delta^1 + \frac{t\,(t-1)}{2}\,\Delta^2 + \ldots,$$

wo sich die Δ natürlich auf den M benachbarten Werth beziehen, und jener Werth erreicht ein Maximum oder ein Minimum, wenn

$$\Delta^1 + \left(t - \frac{1}{2}\right)\Delta^2 + \ldots = 0,$$

und hieraus erhält man, wenn man die dritten und höheren Differenzen vernachlässigt,

$$6)\quad t = \frac{1}{2} - \frac{\Delta^1}{\Delta^2},$$

einen Werth, welcher angenähert die Zeit angiebt, zu welcher der extreme Werth eintritt.

In den meisten Fällen wird diese Annäherung ausreichen. Wie weit dieselbe geht, erkennt man daran, ob die Gleichung 5) erfüllt ist, oder nicht. Erscheint die Abweichung der linken Seite dieser Gleichung von Null zu gross, so kann man diese Abweichung benutzen, um den gefundenen Werth von t zu corrigiren. Die Aenderung der Reihe 1) in einer Zeit, während welcher x sich um dx Bogensecunden ändert, ist nämlich

$$u_1 \cos\left(U_1 + \frac{x}{k}\,2\pi\right) dx \sin 1'' + 2\,u_2 \cos\left(U_2 + \frac{x}{k}\,4\pi\right) dx \sin 1'' + \ldots$$

Nehmen wir nun an, dass diese Aenderung eine Stunde hindurch gleichmässig fortdauere, so ist $dx = 54000$ und $dx \sin 1'' = 0{,}2618$. Wenn sich also das fragliche meteorologische Element während einer Stunde mit derselben Geschwindigkeit wie zur Zeit t änderte, so wäre die Grösse dieser Aenderung gegeben durch

$$0{,}2618\,f = 0{,}2618\left\{u_1 \cos\left(U_1 + \frac{x}{k}\,2\pi\right) + 2\,u_2 \cos\left(U_2 + \frac{x}{k}\,4\pi\right) + \ldots\right\}$$

Da nun

$$\Delta^1 + \left(t - \frac{1}{2}\right)\Delta^2 = 0{,}2618\ f,$$

so folgt, wenn wir wieder die höhern als die zweiten Differenzen vernachlässigen, der genaue Werth von t aus

$$t = \frac{0{,}2618}{\Delta^2} + \frac{1}{2} - \frac{\Delta^1}{\Delta^2}$$

es ist also $-\frac{0{,}2618}{\Delta^2}$ die an dem vorhin unter 6) gefundenen Werthe von t anzubringende Correction.

Man darf aber nicht vergessen, dass bei nur geringer Zahl der gegebenen Werthe und mässiger Anzahl der Glieder die Bessel'sche Formel die Curve in der Gegend der Extreme abflacht, und dass dann die Extreme und ihre Eintrittszeiten in diesem Falle nur ungenau berechnet werden können. Sicherer führt wohl die graphische Methode unter Berücksichtigung der S. 9 erwähnten Correctionen zum Ziele.

Zur Interpolation kann die Besselsche Formel folgendermassen verwandt werden. Wir führen zur Abkürzung die Gauss'sche Bezeichnung ein

$$(\alpha) = \alpha_0 + \alpha_1 + \alpha_2 + \dots$$
$$(\alpha \cos mz) = \alpha_0 + \alpha_1 \cos z + \alpha_2 \cos 2z + \dots$$
$$(\alpha \sin mz) = \alpha_1 \sin z + \alpha_2 \sin 2z + \dots$$

und nehmen an, dass in der Reihe der α uns diejenigen, α_h, α_i, ..., welche zu den Winkeln hz, iz, ... gehören, unbekannt sind, wir wollen sie mit Hülfe der Bessel'schen Formel bestimmen.

Wir können diese Grössen dann in die Summen

$$(\alpha) \qquad (\alpha \cos mz) \qquad (\alpha \sin mz)$$

nicht mit hineinziehen, aber wir können sie den auf alle bekannten y ausgedehnten Summen als Unbekannte hinzufügen, so dass:

$$p_0 = \frac{1}{n}(\alpha) + \frac{1}{n}\alpha_h + \frac{1}{n}\alpha_i + \dots$$

$$p_1 = \frac{2}{n}(\alpha \cos z) + \frac{2}{n}\alpha_h \cos hz + \frac{2}{n}\alpha_i \cos iz + \dots$$

$$q_1 = \frac{2}{n}(\alpha \sin z) + \frac{2}{n}\alpha_h \sin hz + \frac{2}{n}\alpha_i \sin iz + \dots$$

$$p_2 = \frac{2}{n}(\alpha \cos 2z) + \frac{2}{n}\alpha_h \cos 2hz + \frac{2}{n}\alpha_i \cos 2iz + \dots$$

. . . .

Setzt man nun diese Werthe von p_0, p_1, p_2 ..., q_1, q_2, ... in die Ausdrücke für α_h, α_i, ... ein

$$\alpha_h = p_0 + p_1 \cos hz + q_1 \sin hz + p_2 \cos 2hz + \dots$$
$$\alpha_i = p_0 + p_1 \cos iz + q_1 \sin iz + p_2 \cos 2iz + \dots$$

. . . .

so erhält man ebensoviel Gleichungen als unbekannte Grössen, und man kann daraus die Unbekannten a_{II}, a_{I} ... berechnen.

Die Bessel'sche Formel zur „Ausgleichung“ des Ganges der directen Beobachtungen zu benutzen, ist, wie gesagt, immer gefährlich und bedarf besonderer Vorsicht, damit man nicht „Unregelmässigkeiten“ ausgleicht oder besser verwischt, welche nur scheinbar Unregelmässigkeiten sind und thatsächlich zur Natur der Periode gehören. Zudem ist die Rechnung nach dieser Formel immer sehr complicirt und erfordert grössere Uebung und Sicherheit im Zahlenrechnen, als man sie gewöhnlich findet.[1])

Schliesslich mögen hier noch einige einfache Formeln zur Ausgleichung der Beobachtungen angeführt werden, welche sehr bequem und bei vorsichtiger Handhabung sehr nützlich sind. Das Princip ist sehr alt, und ist von verschiedenen Meteorologen unabhängig von einander aufgestellt worden. Es besteht darin, zur Ableitung des einem bestimmten Tage zukommenden Werthes, beispielsweise der Lufttemperatur, die Werthe der voraufgehenden und der nachfolgenden Tage mit heranzuziehen. Soviel mir bekannt, hat hiervon zuerst Meermann[2]) am Ende des vorigen Jahrhunderts Gebrauch gemacht, um aus seinen (bislang ungedruckten) Temperaturbeobachtungen zu Frankfurt a. M. die mittleren und extremen Temperaturen der Luft für alle Tage des Jahres abzuleiten. Zuerst benutzte er zur Bestimmung der Temperatur eines Tages die Beobachtungen von dreissig Tagen, so dass in der Reihe dieser der Tag, für welchen die Temperatur gesucht wurde, als fünfzehnter stand. „Meermann nahm z. B. für den 1. Januar das Mittel aus der Summe der Daten vom 18. December bis 16. Januar einschliesslich; für die Berechnung des 2. Januar wurde von dieser Summe die des 18. December abgezogen und die des 17. Januar zugezählt u. s. f.“ (Ziegler l. c. S. 6). Später hat Meermann nur 15 Tage benutzt, so dass dem jeweils fraglichen Tage 7 voraufgingen und 7 folgten, jener also genau in die Mitte fiel. Erscheint die so erhaltene Reihe von Werthen noch nicht glatt

---

[1]) Nach einer Notiz in den Comptes rendus T. 110, p. 1021, 1890 haben wir zwei sehr bequeme graphische Methoden zur Bestimmung der Constanten der Bessel'schen Formel demnächst von Dechevrens zu erwarten.

[2]) Vergl. J. Ziegler: Ueber Peter Meermanns Lufttemperatur-Beobachtungen: Jahresber. des physikal. Vereins zu Frankfurt a. M. für 1883—84.

genug, so wiederholt man dasselbe Verfahren mit der ausgeglichenen Reihe.

Mit Berücksichtigung einer verschiedenen Anzahl von Tagen ist dieses Verfahren sehr vielfach angewendet und auch neu aufgefunden worden. So hat es z. B. Bloxam[1]) benutzt, ohne von Meermanns Arbeiten Kenntniss zu haben, und nach ihm wird es auch häufig genannt.

Statt dieselbe Art der Mittelbildung zu wiederholen, kann man auch von vorn herein den einzelnen herangezogenen Werthen verschiedenes Gewicht beilegen, ein um so grösseres Gewicht je näher die Werthe dem gesuchten stehen. So hat Jelinek[2]) Bloxams Rechnung in folgende Formel gebracht, in welcher M_n die beobachtete Mitteltemperatur des Tages bezeichnet, dessen von Zufälligkeiten befreiten Werth man sucht, M_{n-1}, M_{n-2}, ... die des voraufgehenden, des zweitvoraufgehenden, ... Tages und ebenso M_{n+1}, M_{n+2}, ... die der Reihe nach folgenden:

$$1)\quad (M_n) = \frac{1}{100}(M_{n-9} + 2\,M_{n-8} + 3\,M_{n-7} + \ldots + 10\,M_n + \ldots + M_{n+9}).$$

Das Heranziehen einer so grossen Anzahl von Beobachtungen und die Wiederholung desselben Verfahrens hat aber doch meistens etwas Bedenkliches. Diese Methode musste als vollkommen berechtigt erscheinen, so lange man von der Ansicht ausging, dass der wahre Verlauf des betrachteten Elementes (z. B. der Lufttemperatur) ein ganz gleichmässiger sei, erkennt man aber Abweichungen von gleichmässigem Gang (z. B. Kälterückfälle) als in der Natur thatsächlich vorhanden an, so wird in vielen Fällen schon die Formel 1) gefährlich erscheinen.

Weit weniger gefährlich, namentlich bei nur einmaliger Anwendung, dürften derartige Formeln sein, wenn man sie auf nur wenige Glieder anwendet. Ich setze einige der gebräuchlichsten hierher; indem ich die obige Bezeichnung beibehalte und voraussetze, dass die ganze Reihe x Werthe enthält:

---

[1]) Bloxam, Temperature at Greenwich and at Newport; Proceedings of the british meteorological Society III, p. 9, 1867.

[2]) Jelinek, Ueber die mittlere Temperatur zu Wien; Sitzungsberichte der Wiener Akademie II. Abth., Bd. 54, 1866.

$$2)\begin{cases}(M_1) = \frac{1}{3}(M_x + M_1 + M_2)\\ (M_2) = \frac{1}{3}(M_1 + M_2 + M_3)\\ \ldots\ldots\ldots\end{cases}$$

$$3)\begin{cases}(M_1) = \frac{1}{4}(M_x + 2\,M_1 + M_2)\\ (M_2) = \frac{1}{4}(M_1 + 2\,M_2 + M_3)\\ \ldots\ldots\ldots\end{cases}$$

$$4)\begin{cases}(M_1) = \frac{1}{10}(M_{x-1} + 2\,M_x + 4\,M_1 + 2\,M_2 + M_3)\\ (M_2) = \frac{1}{10}(M_x + 2\,M_1 + 4\,M_2 + 2\,M_3 + M_4)\\ \ldots\ldots\ldots\end{cases}$$

Von diesen und ähnlichen Formeln wird man häufig sehr nützlichen Gebrauch machen; doch sei nochmals davor gewarnt, mit Ausgleichungen zu weit zu gehen. Der Gang der meteorologischen Elemente ist durch mancherlei, zum grossen Theil noch unbekannte Umstände bedingt und nicht immer so einfach, als man zu erwarten geneigt sein möchte.

---

5. Die Prüfung des Beobachtungsmaterials auf seine Homogeneität und die Reduction kurzer Beobachtungsreihen auf längere.

Bei der Bearbeitung meteorologischer Beobachtungen ist vor allem darauf zu sehen, dass die benutzten Reihen von Beobachtungen in sich homogen sind, d. h. dass die in ihnen auftretenden Aenderungen der Zahlen (periodische wie auch unperiodische) allein in den Aenderungen der Witterung ihren Grund haben, und dass alle jene plötzlichen oder allmäligen Aenderungen ausgeschlossen werden, welche durch eine Aenderung in der Aufstellung oder im Wechsel der Instrumente selbst oder deren constanter Correction, oder auch durch einen Wechsel des Beobachters herbeigeführt werden können, der unter Umständen von gleichem Belang ist, wie eine Verlegung der Station. Ist man daher nicht von vorn herein ganz sicher, dass die weiter zu verarbeitenden Tabellen thatsächlich den Gang der meteorologischen Elemente rein darstellen, so hat man eine Prüfung der Reihen für die verschiedenen Factoren auf ihre Homogeneität vorzunehmen. — Bei der Behandlung des Luftdrucks sollte eine derartige Prüfung unter allen Umständen durchgeführt werden; denn in den Barometerablesungen finden sich nicht nur sprungweise Aenderungen der constanten Correction, veranlasst durch das Eintreten kleinster Luftbläschen in das Vacuum, das oft erst stattfindet, nachdem das Barometer schon Jahre lang im Gebrauch ist, sondern es findet sich auch häufig eine allmälige Aenderung der „constanten" Correction namentlich bei Heberbarometern, veranlasst durch Aenderungen der Kapillarität im offenen Schenkel.

Obwohl es eigentlich selbstverständlich erscheint, dass die Homogeneität einer Beobachtungsreihe garantirt sein muss, ehe man sie weiter bearbeitet, und obwohl schon Schouw[1]) die erforderliche Gleichartigkeit des Materials betont hat, so hat man die ganze Tragweite dieses Umstandes doch erst in der neuesten Zeit durch die bezüglichen Untersuchungen Hann's kennen lernen. Hann[2]) hat auch die Wege gezeigt, auf denen man am bequemsten zu einer solchen Prüfung gelangt.

Die Methode zur Prüfung des Beobachtungsmaterials einer Station beruht auf dem Erfahrungssatze, dass durchgreifende Witterungsänderungen sich selten auf einem local begrenzten Gebiete geltend machen, dass sie sich vielmehr über ausgedehnten Strecken in gleichem Sinne und mit mehr oder minder derselben Intensität vollziehen, so dass die Differenzen zwischen den gleichzeitigen Beobachtungen benachbarter Orte viel constanter sind als die beobachteten Werthe selbst.

Demnach läuft die Prüfung der Beobachtungen einer Station auf eine Vergleichung mit den gleichzeitigen Beobachtungen einer benachbarten Normalstation hinaus, deren Ergebnisse sicher verbürgt sind, oder wenn man über eine solche Normalstation nicht verfügt, auf die Vergleichung mit den gleichzeitigen Beobachtungen von mindestens zwei Nachbarorten.

---

[1]) Schouw: Beiträge zur vergleichenden Klimatologie, Kopenhagen 1827.

[2]) Hann: Die Temperaturverhältnisse der österreichischen Alpenländer. Wiener Berichte Bd. 90—92. II. Abth. 1884—85 und: Die Vertheilung des Luftdrucks über Mittel- und Süd-Europa. Penck's geogr. Abhdlg. II, Heft 2, 1887.

Die nächstliegende Methode der Vergleichung der Beobachtungen eines meteorologischen Elementes an verschiedenen nicht zu entfernt von einander liegenden Orten ist die graphische. Man trägt die Mittelwerthe aller in Betracht kommenden Jahre (oder Monate) für alle Stationen auf Coordinatenpapier nach demselben Maasstabe ein, so dass die demselben Jahre zukommenden Werthe aller Stationen auf dieselben Verticalen zu liegen kommen, und verbindet je zwei auf einander folgende Punkte desselben Ortes durch eine gerade Linie. So erhält man ebensoviel gebrochene Linien, als man Stationen zur Vergleichung heranzieht. In jeder dieser Linien scheinen die Hebungen und Senkungen ganz regellos auf einander zu folgen. Die Vergleichung aller Curven aber muss ergeben, dass die Reihenfolge der Hebungen und Senkungen bei allen dieselbe ist, und dass die correspondirenden Stücke der verschiedenen Curven einander nahe parallel verlaufen. Wo sich nennenswerthe Abweichungen von diesem Parallelismus finden, hat man bei der Station, welche gegen die andern abweicht, Unterbrechungen der Homogeneität zu vermuthen und den eventuellen Ursachen derselben nachzuspüren. Nach dieser Methode werden z. B. an verschiedenen meteorologischen Centralanstalten die monatlich einlaufenden Tabellen aller Stationen wenigstens für die wichtigsten meteorologischen Factoren geprüft.

Diese graphische Vergleichung ist unzweifelhaft sehr zuverlässig, dennoch ist es oft rathsam, an ihre Stelle eine rechnerische zu setzen, vor allem dann, wenn ausserdem die zu bearbeitende Beobachtungsreihe auf eine längere Periode (Normalperiode) zurückgeführt werden soll, die Prüfung auf Homogeneität kann nämlich zugleich die zu jener Reduction erforderlichen Grössen liefern (s. weiter unten).

Man bildet die Differenzen der Mittelwerthe aller correspondirenden Monate und Jahre für den Prüfungsort und die Normalstation (bezw. die Vergleichsstationen) von möglichst gleicher klimatischen Lage. Diese Differenzen müssen für je dieselben Monate und das Jahr durch die ganze Beobachtungsdauer constant sein, oder dürfen doch nur innerhalb enger Grenzen schwanken. Zeigen sich aber in diesen Differenzen sprungweise und beträchtliche Aenderungen, oder zeigen sie eine stetige Zu- oder Abnahme, so hat man auf eine Unterbrechung in der Unveränderlichkeit der Beobachtungen selbst zu schliessen. Nicht immer wird es gelingen, die Ursache dieser Unterbrechung ausfindig zu machen oder dieselbe zu beseitigen, was natürlich das Wünschenswertheste ist, aber es ist doch auch schon viel gewonnen, eine etwaige Unsicherheit constatirt zu haben und die zweifelhaften Beobachtungen ausscheiden zu können.

Wenn man nicht nur die klimatischen Elemente eines einzelnen Ortes bestimmen, sondern diese auch mit denen anderer Gegenden vergleichen will, hat man darauf zu achten, dass die zu vergleichenden Grössen homogenen Reihen entstammen, und dass diese Reihen dieselben Jahre umfassen. Den Synchronismus der Beobachtungen hat ebenfalls bereits Schouw (l. c.) gefordert, aber er hat leider keinen grossen Einfluss geübt, und so ist bis in die neueste Zeit häufig die Vergleichung der klimatischen Verhältnisse verschiedener Orte auf die Beobachtungen sehr verschiedener Jahre gestützt worden. Die Gleichzeitigkeit der Beobachtungen muss für die Vergleichung dringend gefordert werden, denn die Mittelwerthe selbst längerer Zeitabschnitte unterliegen erheblichen Schwankungen. Man braucht deshalb aber nicht, wenn, wie es gewöhnlich der Fall sein wird, die comparirenden Stationen nicht alle gleich lange Zeit beobachtet haben, die überschiessenden Jahre vielleicht der Mehrzahl der Orte fortzulassen, man muss nur alle, auch die nur auf kürzeren Reihen beruhenden, auf dieselbe Periode beziehen.[1])

Wie dieses geschehen kann, das haben zuerst Lamont[2]) und

---

[1]) Es sei hierzu bemerkt, dass nach internationaler Vereinbarung nicht nur die Veröffentlichung der jährlichen Beobachtungen nach vorgeschriebenem Schema, sondern auch die Publication von Lustrenmitteln angestrebt werden soll. Die Lustren sollen mit den Jahren beginnen, deren Zahl auf eine 1 oder eine 6 ausläuft. Dementsprechend sind von der deutschen Seewarte bereits die Lustrenmittel für 1876—80 und 1881—85 im Verein mit den Mitteln für das Decennium 1876—85 veröffentlicht, Hamburg 1889. Auch hat Hann z. B. in seiner Arbeit über die Vertheilung des Luftdrucks über Mittel- und Süd-Europa (Penck's geograph. Abhdlgg. Bd. II, Heft 2, Wien 1887) für alle Stationen neben den Mittelwerthen der einzelnen Jahre und den Generalmitteln unter Anschluss an die internationale Lustrentheilung auch solche für fünfjährige Zeiträume berechnet. Das Innehalten dieser Lustren sei für alle Publicationen dringend empfohlen.

[2]) Lamont in verschiedenen Aufsätzen, soviel ich sehe zuerst in „Nachricht über die meteorologische Bestimmung des Königreichs Bayern durch correspondirende Beobachtungen“ im Jahrbuch der Königl. Sternwarte bei München für 1839, S. 256.

Dove[1]) angedeutet, und ihre Methoden sind dann später namentlich von Hellmann[2]), Wild[3]) und Hann[4]) weiter ausgebildet und zur Anwendung gebracht worden.

Der nächste Weg, der hier zum Ziele führt, ist der folgende. Gegeben ist eine Normalstation N mit n-jährigen Beobachtungen und eine Nachbarstation A mit der kürzeren Beobachtungsreihe von m Jahren, welche mit einem Theile jener n Jahre zusammenfallen, es soll die m-jährige Reihe auf die Periode von n Jahren der Normalstation zurückgeführt werden.

Sind N_m und N_n die Mittelwerthe eines meteorologischen Elementes, wie sie aus den m Jahren, während welcher Beobachtungen der Station A vorliegen, und der ganzen Reihe von n Jahren für die Normalstation folgen, und ist A_m der Mittelwerth desselben Elementes für die Station A und A_n der gesuchte auf n Jahre reducirte Werth, so ist zu setzen

$$1)\quad A_n = A_m + N_n - N_m.$$

Wie man sieht, ist in dieser Formel vorausgesetzt, dass die Differenz $N_n - N_m$ für beide Orte dieselbe ist. Wild macht die Annahme, dass diese Differenz für beide Stationen nicht gleich, sondern nur proportional sei, dass also

$$2)\quad A_n = A_m + k\,(N_n - N_m).$$

Auch diese Gleichung ist man aber nur dann aufzustellen berechtigt, wenn A und N demselben klimatischen Gebiet angehören. Unter dieser Voraussetzung setzt Wild

$$3)\quad k = \frac{A_n - A_m}{N_n - N_m} = \frac{v_A}{v_N}$$

wo v_A und v_N die mittlere Veränderlichkeit des betreffenden Elementes bezeichnet, d. h. die mittlere Abweichung (δ) der Einzel-

[1]) Dove: Ueber das Zurücktreten localer Einflüsse gegen die von den allgemeineren Bewegungen des Luftkreises abhängigen Wärmeänderungen, Monatsber. d. K. Akademie d. Wissensch. zu Berlin 1872, S. 777.

[2]) Hellmann: Ueber die Zurückführung einer kürzeren Beobachtungsperiode der Lufttemperatur auf die längere einer benachbarten Station. Zeitschr. f. Met. X. S. 181, 1875.

[3]) Wild: Die Temperaturverhältnisse des russischen Reiches S. 292. Petersburg 1881.

[4]) Hann: Die Temperaturverhältnisse der österreichischen Alpenländer, I. Theil. Sitzungsber. d. kais. Akademie d. Wissensch. Bd. 90, II. Abth. November 1884.

werthe vom Gesammtmittel. Wild hat nun für die Lufttemperatur gezeigt (und dasselbe wird auch für die andern Elemente gelten), dass die Formel 2) unter der Annahme 3) bei grösserer Entfernung zwischen A und N allerdings etwas bessere Resultate liefert als 1). Allein bei kleinen Werthen von m ist die Bestimmung von v und damit auch die von k zu unsicher, und deshalb hat sich Wild (l. c.) überall der Formel 1) bedient.

In Betreff der Zuverlässigkeit dieser Reductionsmethode ist zu bemerken, dass sie im Winter etwas weniger gross ist als im Sommer, auch lässt sie bei wachsender Entfernung der Orte von einander etwas nach. Doch darf sie bei sonst günstigen Umständen bis auf Entfernungen von (für die Temperatur) 800 km angewandt werden. Hauptbedingung bleibt möglichst gleiche klimatische Lage beider Orte.

Hann hat einen etwas andern Weg eingeschlagen; er legt der Reduction die bei der Prüfung der Reihen auf ihre Homogeneität (vergl. oben) abgeleiteten Differenzen aller correspondirenden Monats- und Jahresmittel zu Grunde. Statt die Differenzen der m- und n-jährigen Beobachtungsergebnisse der Normalstation als Correction an den m-jährigen Mitteln der Vergleichstation anzubringen, berechnet Hann die Mittelwerthe aus den individuellen Differenzen der Werthe der Station A gegen die der Normalstation N für die Monate und das Jahr und benutzt diese Mittelwerthe als Reductionsgrössen. Während also Hellmann und Wild durch die Differenzen der Mittel die kurze Reihe auf die längere beziehen, verwendet Hann die Mittel der Differenzen. Diese Reductionsmethode hat sich aus dem Wunsche entwickelt, die Sicherheit der Reductionen auf umfassendere Weise zu prüfen, als das von Hellmann und Wild bis dahin geschehen war. In seiner Arbeit über die Temperatur der österreichischen Alpenländer sagt Hann (I, S. 37): „Hat man eine Reihe von Jahrgängen solcher Temperaturdifferenzen gegen eine Normalstation und deren Mittelwerthe vor sich, so ergiebt sich von selbst der Gedanke, durch Bildung von Abweichungen der einzelnen Differenzen gegen den entsprechenden Mittelwerth ein Maass für deren Verlässlichkeit zu erhalten. Indem man aus den Abweichungen Mittelwerthe bildet ohne Rücksicht auf die Vorzeichen, erhält man die mittlere Veränderlichkeit der Temperaturdifferenzen für die Monate und das Jahr und dadurch auch die wahrscheinlichen Fehler der mittleren Differenzen selbst. Damit ist die Aufgabe, die Sicherheit der Methode der Reduction auf eine Normalperiode festzustellen, allgemein gelöst. Man erhält so leicht für jede einzelne Station die wahrscheinlichen Fehler der Differenzen und der reducirten Mittel.“

Diese Methode ist zwar ziemlich weitläufiger als die zuerst angeführte Reduction durch die Differenzen der Mittel, bei näherer Betrachtung bietet sie aber folgende nicht zu unterschätzende Vortheile: „1) gestattet sie die Ableitung der mittleren Veränderlichkeit der Differenzen und damit des wahrscheinlichen Fehlers derselben; 2) führt sie zur Auffindung der Unterbrechungen in der Homogeneität der Beobachtungsreihen; 3) bietet sie eine Controle der Rechnung selbst, sowie der Richtigkeit der verwendeten Mittelwerthe; und 4) ist die Rechnung selbst bequemer als die andern Rechnungsweisen, die man zum Behufe der Reduction kurzer Beobachtungsreihen auf eine längere Normalperiode überhaupt anwenden kann.“

Nach dem, was oben über die Anwendung der Fehlerrechnung in der Meteorologie gesagt worden ist, würde es in Zukunft zu empfehlen sein, die Abweichungen der Differenzen von ihren bezüglichen Mittelwerthen mit Rücksicht auf das Vorzeichen zu bilden, um zu sehen, ob positive und negative Abweichungen angenähert gleich wahrscheinlich sind oder nicht, und hieraus ein Urtheil zu gewinnen, wie weit die Grösse des wahrscheinlichen Fehlers Vertrauen verdient. Wie gesagt, Hann hat auf das Vorzeichen keine Rücksicht genommen, doch sind die Hauptresultate seiner Untersuchung über die Grenzen, bis zu welchen seine Reductionsmethode zuverlässige Werthe liefert, als Annäherung jedenfalls völlig genügend.

Die Reductionsmethode versagt den Dienst, wenn die Veränderlichkeit der Differenzen gleich der Veränderlichkeit der correspondirenden Werthe selbst wird. Das gilt natürlich für die Anwendung von Hann's Methode auf alle meteorologischen Factoren. Die Veränderlichkeit V der Differenzen ist abhängig von der Entfernung E und dem Höhenunterschied $\varDelta$H der beiden Orte, sie kann nach Hann für die Lufttemperatur von Centraleuropa und besonders der Alpenländer durch folgende Formeln dargestellt werden:

Winter	$V_1 = 0{,}32 + 0{,}00180\ E + 0{,}0617\ \varDelta H$
Sommer	$V_2 = 0{,}25 + 0{,}00086\ E + 0{,}0136\ \varDelta H$
Allgemeines Mittel	$V = 0{,}28 + 0{,}00131\ E + 0{,}0286\ \varDelta H$,

wo E in Kilometern und $\varDelta$H in Hectometern gemessen ist.

Nun beträgt die Veränderlichkeit der Monatsmittel der Lufttemperatur

	W.	S	Allgem. Mittel
	°	°	°
in den Nordostalpen . .	2,18	1,15	1,58
in Oberitalien und Südtyrol	1,56	1,02	1,25

und diese Veränderlichkeit wird nach den gegebenen Formeln in folgenden Entfernungen und Höhenunterschieden der comparirenden Stationen erreicht

	W.	S.	Mittel	W.	S.	Mittel
	Entfernung in Kilometern			Höhendifferenz in Metern		
Nord- und Ostalpen	1030	1050	990	3000	6500	4600
Oberitalien und Südtyrol	690	890	740	2000	5600	3400

Das würden die äussersten Grenzen für die Reduction der Temperaturbeobachtungen in den genannten Gebieten sein; in ebneren Gebieten wird der Coefficient von E ziemlich bedeutend vergrössert werden dürfen. Dabei ist aber auch hier vorausgesetzt, dass innerhalb dieser Grenzen die klimatischen Verhältnisse sich nicht wesentlich ändern. Am Schluss kommt Hann (l. c. S. 67) zu dem erfreulichen Ergebniss, „dass auch im Alpengebiet selbst unter den ungünstigsten Localverhältnissen die Mittelwerthe aus kurzen Beobachtungsreihen mit grossem Vortheil mittelst der Differenzen correspondirender Jahrgänge auf die lange Normalperiode einer Hauptstation zurückgeführt werden können und sollen“.

Dieselbe Methode hat Hann in ausgedehntem Maasse auch in seiner angeführten Arbeit über die Vertheilung des Luftdrucks in Mittel- und Süd-Europa zur Anwendung gebracht, dabei hat er gefunden, dass man in Central-Europa die Reduction einer 10jährigen Reihe auf eine 30jährige Periode selbst im Winter noch mit Erfolg durchführt, wenn die Entfernung auch bis zu 20 deutsche Meilen oder 150 km beträgt. Dabei darf, wenn die eine Station tief gelegen ist, der Höhenunterschied ohne Nachtheil 500 m erreichen. Wenn auch die Normalstation in beträchtlicher Höhe liegt, dann darf die Höhendifferenz noch bedeutender sein. Für die Reduction der Jahresmittel genügen namentlich bei Binnenlandstationen schon die Differenzen weniger Jahre (etwa fünf) bis zu Entfernungen von nahe 100 Meilen; denn die Differenzen der correspondirenden Jahresmittel sind viel constanter als die der Monatsmittel. Daher giebt Hann (l. c. S. 89) folgende Regel: „Zur Ermittelung der jährlichen Periode soll man so viele Jahrgänge heranziehen, als man erhalten kann, zur Ermittelung des wahren mittleren Luftdrucks selbst aber nur jene Jahre, für welche alle Elemente zur genauen Ableitung desselben bekannt sind, also: Barometer-Correction, an der Station selbst bestimmt, womöglich Personalgleichung des Beobachters, und genaue, nivellirte Seehöhe des Instrumentes."

Mehr noch vielleicht als bei den andern meteorologischen Elementen erscheint die Reduction der zu vergleichenden Messungen auf dieselbe Normalperiode beim Niederschlag erforderlich, da die Regenmengen bekanntlich räumlich und zeitlich sehr variabel sind. Aus eben diesem Grunde erscheint, auf den ersten Blick wenigstens, eine solche Reduction aber auch sehr schwierig. Nach Hann[1]) ist dieselbe indessen mit solcher Sicherheit ausführbar, dass für Orte mit nur kurzer Beobachtungsdauer (unter 10 Jahren) die normale jährliche Niederschlagshöhe und ihre jährliche Periode sicherer mit Hülfe der langjährigen Beobachtungen einer benachbarten Normalstation hergeleitet werden, als durch die eigenen Messungen allein. Schon Kämtz hatte die Vermuthung ausgesprochen, dass die jahreszeitlichen Regenmengen benachbarter Stationen übereinstimmende Verhältnisse zeigen möchten, und Hann hat nicht nur diese Vermuthung für die Jahreszeiten bestätigt, sondern auch für die monatlichen Niederschlagsmengen nicht zu weit entfernter Orte eine grosse Uebereinstimmung nachgewiesen. Diese Uebereinstimmung zeigt sich freilich nicht in den absoluten Regenmengen, aber um so deutlicher in dem Verhältniss der monatlichen Niederschlagshöhen zur Gesammthöhe des Jahres, in den relativen Regenmengen; diese sind für ziemlich weite Kreise nahe dieselben. Wenn daher für eine Station A nur eine kurze Reihe von Beobachtungen vorliegt, für eine benachbarte Station N dagegen die mittlere Niederschlagshöhe für die Normalperiode bekannt ist, sie sei s_n, dann erhält man nach Hann die normale (auf dieselbe Periode wie N bezogene) Regenmenge s_a durch die Gleichung

$$s_a = s_n \frac{A}{N},$$

worin A und N die correspondirenden Regensummen der beiden Stationen vorstellen. Zur Bestimmung des normalen Ganges in der

[1]) Hann: Untersuchungen über die Regenverhältnisse von Oesterreich-Ungarn II. Theil. Wiener Berichte Bd. 81, II. Abth., 1880.

jährlichen Periode für die Station A hat man dann anzunehmen, dass die relative Vertheilung auf die einzelnen Monate für beide Orte dieselbe ist. Man hat also s_a der Reihe nach mit der procentischen Regenmenge der auf einander folgenden Monate der Normalstation zu multipliciren.

Diese Reductionsmethode ist aber nur bei nicht zu grosser Entfernung und vor allem bei nur geringem Höhenunterschiede beider Stationen zulässig. Ferner: „Kammlagen sind nicht zu vergleichen mit Thallagen, selbst bei geringer horizontaler Entfernung und geringem Höhenunterschied".

„Im Allgemeinen kommt aber den auf diese Weise abgeleiteten Monatsmitteln eine viel grössere Verlässlichkeit zu als den directen Mitteln aus Beobachtungen, die nicht, sagen wir, über 10 Jahre fortgesetzt sind. Natürlich sollen in wissenschaftlichem Interesse auch diese directen Mittel mitgetheilt werden."

Für die andern meteorologischen Elemente fehlt es bislang noch an Untersuchungen über die Ausführbarkeit derartiger Reductionen, es ist aber wohl nicht zweifelhaft, dass sich die eine oder die andere der mitgetheilten Methoden immer als brauchbar erweisen wird.

6. Allgemeine Anforderungen an klimatologische Arbeiten.

Man gebe eine kurze Beschreibung der Lage der Station, deren klimatische Verhältnisse behandelt werden sollen, ob im Innern oder am Rande einer Stadt, ob in der Nähe grösserer Waldungen oder Seen, ob in der Nähe, eventuell auf welcher Seite und in welcher Entfernung von Gebirgen und Höhenzügen. Muster für derartige Beschreibungen finden sich z. B. in den neueren Jahrgängen der Publicationen des preussischen meteorologischen Instituts. Wenn man eine grössere Anzahl von Stationen in Betracht zieht, wird man nur selten in der Lage sein, hierauf näher eingehen zu können; man ziehe dann aber die Stellen an, wo sich Beschreibungen der benutzten Stationen finden, und berücksichtige dieselben gegebenen Falls bei der Discussion.

Auch über die Art der Exposition der Instrumente und deren etwaige Aenderung mit Angabe der Zeit, wann dieselbe stattgefunden hat, ist es wichtig, Auskunft zu erhalten; ebenso über einen etwaigen Wechsel in der Person des Beobachters, der nicht nur für die Schätzungen, sondern häufig auch für die Ablesung der Instrumente von merklichem Einfluss ist.

Die Angabe der geographischen Coordinaten und der Meereshöhe der Instrumente, namentlich der freien Quecksilberfläche des Barometers, ist unbedingt und mit möglichster Genauigkeit zu fordern. Bei der Meereshöhe ist auch der Nullpunkt, auf welchen sich dieselbe bezieht, zu berücksichtigen.[1])

Die Bearbeitung des Materials macht häufig Auszüge aus den vorliegenden Tabellen und Anlage neuer Uebersichten nöthig. Da ist es wichtig, vor Anfertigung derselben einen genauen Arbeitsplan entworfen zu haben, um jenen Auszügen eine möglichst einfache Gestalt zu geben, welche eine möglichst vielseitige und dabei doch bequeme Benutzung derselben gestattet. Denn mit der Leichtigkeit der Benutzung wächst das Vertrauen in die Resultate, und mit der Wiederholung der Auszüge in immer verschiedener Form wächst die Gefahr zufälliger Fehler. Man versäume nicht, alle Auszüge durch Controllrechnungen nach Möglichkeit zu verificiren.

Allgemeine Ausdrücke, wie heiter, trübe, kalt, warm etc. sind nur dann zulässig, wenn sie streng definirt, also jeder Mehrdeutigkeit entkleidet sind.

Es soll stets angegeben worden, welchen Jahren die benutzten Beobachtungen entstammen. Bei Vergleichung verschiedener Orte sollen so viel als irgend möglich nur Beobachtungen derselben Jahre oder auf dieselbe Periode reducirte Reihen verwendet werden. Ist eine Reduction auf gleiche Beobachtungsjahre nicht durchführbar, so verzichte man bei den längern Reihen lieber auf einige Jahre, als

[1]) Das Präcisionsnivellement der trigonometrischen Abtheilung der Königl. preussischen Landesaufnahme bezieht sich auf eine Höhenmarke an der Sternwarte zu Berlin. Es wurde früher angenommen, dass dieselbe 37,000 m über dem Nullpunkt des Amsterdamer Pegels liege, und es wurde das Normal-Null (NN) der preussischen Landesaufnahme als 37,000 m unter der Höhenmarke der Berliner Sternwarte angenommen. Das Gradmessungs-Nivellement hat indessen ergeben, dass jene Marke um 0,186 m tiefer liegt, und dass demnach das NN der preussischen Landesaufnahme nicht mit dem Nullpunkt des Amsterdamer Pegels zusammenfällt, sondern um den genannten Betrag darunter liegt.

dass man durch Hinzuziehen derselben die Vergleichbarkeit der Resultate beeinträchtige oder vielleicht ganz in Frage stelle. Es wird sich leicht Gelegenheit finden, besondere Eigenthümlichkeiten der fortgelassenen Jahre nebenher zu erwähnen.

Die zu vergleichenden Werthe sollen in denselben Einheiten ausgedrückt und nach denselben Regeln abgeleitet oder entsprechend reducirt sein. Sind derartige Reductionen nöthig, so nehme man sie so spät als möglich vor.

Die Tabellen sollen möglichst übersichtlich angeordnet sein, dabei sollen sie sich zur bequemern Vergleichung bereits vorhandener Tabellen für andere Stationen der Form nach möglichst anschliessen.

Wenn der Raum es irgend gestattet, so theile man nicht nur die Endergebnisse, sondern auch die Mittelwerthe der einzelnen Jahre und Monate mit, weil dadurch die Verwendbarkeit der Arbeit für spätere Untersuchungen steigt, und zugleich eine gewisse Controlle der Endergebnisse möglich wird.

Jede Publication sollte so eingerichtet sein, dass, soweit die fraglichen Gesichtspunkte dieselben bleiben, weitere Jahrgänge an die verarbeiteten angeschlossen werden können, ohne dass eine Neuberechnung der letzteren erforderlich wird. Ist das aus Raummangel oder andern Gründen nicht möglich, so soll das Gegebene jedenfalls alle erforderlichen Mittel enthalten, um die für den Anschluss weiterer Beobachtungen erforderliche Form der Tabellen herstellen zu können. Wenn z. B. die Häufigkeit des Eintritts einer Erscheinung während eines gegebenen Zeitraumes in Procenten aller möglichen Fälle gegeben wird, so muss die Gesammtzahl der letzteren beigefügt werden, falls sich dieselbe nicht von selbst versteht.

Alle Rechnungen sollen auf eine Decimale weiter geführt werden, als man im Resultat mitzutheilen beabsichtigt. Ist die letzte (fortzulassende) Ziffer eine 5, so runde man entweder immer auf grade, oder immer auf ungrade Zahlen ab.

Wo immer möglich, stelle man die erhaltenen Resultate graphisch dar. Für die Publication selbst ist das zwar nicht durchaus nöthig, es empfiehlt sich aber sehr als Controlle der Rechnungen. Man wird durch die Curven nicht selten auf Fehler und Versehen in der Rechnung aufmerksam, welche einem beim Anblick der Zahlenreihen allein leicht entgehen.

Bei Citaten kann man die Genauigkeit gar nicht zu weit treiben. Bezüge wie „Vergl. die einschlägigen Arbeiten von Quetelet, Dove u. A." sind so gut wie ganz unbrauchbar und daher überflüssig. Selbständig erschienene Werke sollen neben dem Verfasser und Titel auch mit Ort und Jahr des Erscheinens, Arbeiten aus Zeitschriften neben dem Titel der letztern mit Band-, Jahres- und Seitenzahl citirt werden.

Wohl in wenigen Wissenschaften sind Zirkelschlüsse so häufig wie in der Meteorologie und der Klimatologie, man wird es mir daher verzeihen, wenn ich hier schliesslich ausdrücklich vor ihnen warne.

II.

Specieller Theil.

7. Der Luftdruck.

Der Luftdruck wird in der Regel als für das Klima eines Ortes von ziemlich untergeordneter Bedeutung betrachtet, und so lange es sich um hygienische Klimatologie handelt gewiss mit Recht, vielleicht wird er hier sogar noch überschätzt. Wenn wir das Klima im Humboldt'schen Sinne als „alle Veränderungen in der Atmosphäre, welche unsere Organe merklich afficiren", auffassen, so hat der Luftdruck für dasselbe kaum weiter eine Bedeutung, als dass bei niedrigem Luftdruck die Verdunstung von der Körperoberfläche etwas rascher erfolgt als bei hohem. Da aber die Aenderungen des Luftdrucks innerhalb kürzerer Zeit nur selten mehr als 20 mm betragen, so wird die dadurch bedingte Aenderung der Verdampfung und damit der Wärmeregulirung kaum merklich werden.

Wenn man aber das Klima in allgemeinerem Sinne fasst, und wenn man die in neuerer Zeit in der Meteorologie mit so grossem Erfolg angewandten Untersuchungsmethoden nach den Grundsätzen der Dynamik auch für die Klimalehre fruchtbar machen will, so wird man von Neuem auf die Bedeutung der Winde geführt, und so wird der Versuch nahe gelegt, jetzt die früher mit grossem Eifer aber verhältnissmässig geringem Erfolg betriebenen Untersuchungen, welche die Erklärung der klimatischen Verhältnisse durch die Winde bezweckten, wiederum aufzunehmen. Dann aber springt die Bedeutung des Luftdrucks sofort in die Augen; denn die Vertheilung des Luftdrucks ist das Bedingende für die Vertheilung der Winde.

Der Stand eines Quecksilber-Barometers hängt nicht allein ab von der Masse der über dem Beobachtungsorte befindlichen Luft, sondern auch von der Beschleunigung durch die Schwere g. Da aber g in horizontaler und verticaler Richtung veränderlich ist, so hat man, um aus den Ablesungen an Quecksilber-Barometern „wahre Werthe" für den Luftdruck zu erhalten, jene für alle Orte auf denselben Werth der Schwerebeschleunigung zu beziehen. Man ist übereingekommen, hierzu den Werth von g zu nehmen, welcher für 45° Breite und das Meeresniveau gilt.

Wir setzen immer voraus, dass die uns vorliegenden Barometerstandsangaben von Instrumentalfehlern befreit und auf Quecksilber von 0^0 reducirt sind, und wollen zunächst die Correctionen bestimmen, welche an diesen Ablesungen anzubringen sind, um aus ihnen wahre Luftdruckwerthe zu erhalten.[1])

Ist b_φ der in der Breite φ beobachtete Barometerstand, so wird der auf 45^0 bezogene b_{45} erhalten durch

$$1) \quad b_{45} = b_\varphi \,(1 - 0{,}00259 \cos 2\varphi).$$

Für $b_\varphi \times 0{,}00259 \cos 2\varphi$ hat Pernter (l. c. S. 174) für Werthe des Luftdrucks zwischen 780 und 400 mm eine Tabelle mitgetheilt.

Die soeben erschienenen „Internationalen meteorologischen Tabellen, veröffentlicht gemäss einem Beschluss des Congresses zu Rom 1879, Paris 1890“ enthalten ebensolche Tafeln für das Intervall von 630 bis 800 mm.

Zur Reduction des in der Höhe z über dem Meeresspiegel beobachteten Werthes b_z auf den im Meeresniveau derselben Breite bezüglichen Werth von g dient die Formel

$$2) \quad b_0 = b_z \,(1 - \beta z)$$

darin ist $\beta = 0{,}000000314$ zu setzen, wenn der Beobachtungsort in der freien Atmosphäre liegt (Ballonfahrt); für uns ist besonders der Fall wichtig, wo der Ort auf einem Kegel, im Gebirge oder auf einem Plateau liegt, alsdann ist $\beta = 0{,}000000196$ zu setzen. Auch hierzu giebt Pernter (l. c. S. 175) eine früher bereits von Hann berechnete Tafel für Höhen zwischen 100 und 5900 m. Die internationalen Tabellen enthalten ebenfalls eine entsprechende Tabelle für Werthe des Luftdrucks zwischen 460 und 780 mm von 100 zu 100 m fortschreitend bis zu 3000 m.

Aus dem in der Breite φ und der Höhe z beobachteten Barometerstand $b_{\varphi,z}$ erhält man also den „wahren Luftdruck“ B dieses Ortes mit Hülfe der Formel

$$3) \quad B = b_{\varphi,z} \,(1 - 0{,}00259 \cos 2\varphi)\,(1 - \beta z).$$

Im Folgenden sollen immer diese Werthe B vorausgesetzt werden, also die wegen Aenderung der Schwerebeschleunigung mit der geographischen Breite und mit der Höhe bereits corrigirten. Es mag auch hier der Wunsch Platz finden, dass nur nach dieser Richtung bereits reducirte Barometerbeobachtungen publicirt oder dass wenig-

[1]) Vergl. für dieses Capitel vornehmlich Sprung, Lehrbuch der Meteorologie § 17, 18, 21 u. ff. Hamburg 1885 und Pernter, Ueber die barometrische Höhenmessformel, Exner's Repertorium der Physik 1888 S. 161.

stens, wie es in den Publicationen verschiedener meteorologischer Centralinstitute bereits geschieht, die anzubringenden Correctionen immer beigefügt werden möchten.

Wir wählen zur Erläuterung der Behandlung des Luftdrucks in klimatischen Tabellen die Beobachtungen, welche 1876—1885 zu Breslau angestellt und in den betreffenden Jahrgängen von „Meteorologische Beobachtungen in Deutschland" bezw. „Ergebnisse der meteorologischen Beobachtungen, angestellt an den Stationen des Königl. Preussischen meteorologischen Instituts" veröffentlicht worden sind (Tab. 6). In Betreff der Lage der Station verweisen wir auf die Beschreibung derselben im Jahrgang 1886 der „Ergebnisse" (Berlin 1888) S. XXX. und bemerken hier nur, dass sich das Barometer 147,4 m über dem Meeresniveau befindet; die geographischen Coordinaten sind: $\lambda = 17^0\ 2'$ E. v. Gr., $\varphi = 51^0\ 7'$ N. Die Correction wegen der Aenderung der Schwerebeschleunigung beträgt 0,4 mm und ist in Tab. 6 angebracht.

Tab. 6. **Wahrer Luftdruck zu Breslau, 1876—1885.** Millimeter.

	6^a	2^p	10^p	Mittel	Mittlere Extreme		Mittlere Abweichungen		Absolute Extreme	
							Δ+	Δ−		
Jan. . .	752,0	752,0	752,7	752,2	764,8	735,6	12,6	16,6	774,3	728,7
Febr. .	749,5	749,4	749,8	749,5	762,0	734,0	12,5	15,5	772,5	724,4
März .	747,3	747,3	747,7	747,4	761,9	731,1	14,5	16,3	770,2	724,6
April .	746,7	746,4	746,8	746,6	756,2	735,3	9,6	11,3	761,6	730,8
Mai . .	748,8	748,4	748,7	748,6	757,4	738,5	8,8	10,1	761,8	735,5
Juni . .	748,5	748,2	748,3	748,3	755,5	738,5	7,2	9,8	757,6	734,1
Juli . .	748,0	747,6	748,0	747,8	755,6	740,9	7,8	6,4	758,3	737,0
Aug. .	749,0	748,8	749,0	749,0	755,4	739,6	5,4	9,4	757,6	734,8
Sept. .	749,1	749,0	749,3	749,1	758,5	737,8	9,4	11,3	761,6	732,9
Oct. . .	748,9	748,9	749,2	749,0	760,3	734,3	11,3	14,7	766,4	728,8
Nov. . .	749,1	749,0	749,3	749,2	761,9	734,7	12,7	14,5	764,7	730,1
Dec. . .	748,3	748,4	749,2	748,6	763,4	730,4	14,8	18,2	769,2	722,5

Die Tabelle enthält zunächst die arithmetischen Mittelwerthe für die drei täglichen Termine und die Mittel derselben. Diese Mittel können als „wahre Tagesmittel" angesehen werden, da bei uns die Mittel aus den Terminen 6^a, 2^p, 10^p (und auch aus 7^a, 2^p, 9^p) dem 24stündigen Mittel hinreichend nahe kommen.

Weiter enthält die Tabelle die mittleren Extreme des Barometerstandes, ebenfalls unter Berücksichtigung der Schwerecorrection. Diese Mittelwerthe sind aus den höchsten, bezw. tiefsten Barometerständen in den respectiven Monaten zur Zeit der Termine gebildet. Dasselbe gilt für die in den letzten Columnen mitgetheilten absoluten Extremen. Es ist sehr wohl möglich, dass zu Breslau innerhalb jener zehn Jahre der Luftdruck grösser oder geringer war, unsere Tabelle sagt nur, dass zur Zeit der Termine grössere oder geringere Drucke nicht gemessen wurden.

Nach dem was in Cap. 2 über die Unsymmetrie der Häufigkeitscurve des Barometerstandes (Fig. 7) gesagt wurde, hat man zu erwarten, dass die Abweichungen der Extreme von dem Mittelwerth ihrer Grösse nach wesentlich verschieden ausfallen. Statt daher, wie sonst üblich, die Amplituden, d. i. die Differenzen der Extreme, in die Tabelle aufzunehmen, habe ich die Abweichungen der mittleren Extreme vom Mittelwerthe gewählt, deren Summe die mittlere Amplitude liefern würde. Man erkennt daraus, dass man sich das ganze Jahr hindurch auf durchweg grössere negative als positive Abweichungen gefasst zu machen hat.

Zu den Extremen und deren Abweichungen vom Mittel ist noch zu bemerken, dass dieselben unter einander nicht streng vergleichbar sind, weil die Monate verschiedene Länge haben, und man um so grössere Abweichungen der Extreme vom Mittel zu erwarten hat, je grösser die Anzahl der Beobachtungen, also die Länge des Monats ist (vergl. Cap. 8, S. 80).

Die Tafeln über die Luftdruckverhältnisse findet man selten über den Rahmen der Tab. 6 ausgedehnt, es wäre aber wünschenswerth, dieses in ähnlicher Weise zu thun, wie man das bei der Temperatur der Luft gewöhnt ist. Da diese im folgenden Capitel eingehend betrachtet wird, so glaube ich hier nicht näher darauf eingehen zu sollen. Die Art der Berechnung und Bezeichnung würde hier dieselbe sein wie dort.

Dagegen haben wir uns mit der Frage zu beschäftigen, wie sich das arithmetische Mittel der Luftdruckbeobachtungen zum vorherrschenden Werthe, zum Scheitelwerthe, stellt. Es wurden daher die sämmtlichen Barometerlesungen zur Zeit der drei Termine der Jahre 1876—85 nach der Grösse in Gruppen von je 1 mm Umfang geordnet, die so erhaltenen Zahlenreihen nach Formel 3 S. 43 ausgeglichen und dann die Häufigkeit jeder Gruppe in Promillen berechnet. So wurde für jeden Termin eine Tabelle von folgender Form gewonnen:

Tab. 7. **Wahrscheinlichkeit der einzelnen Gruppen von Barometerständen zu Breslau.** — 6^h a. m. — **1876—1885.** — Promille.

Gruppen	J.	F.	M.	A.	M.	J.	J.	A.	S.	O.	N.	D.
Von 773,9 bis 773,0		—	—	—	—	—	—	—	—	—	—	—
„ 772,9 „ 772,0		—	—	—	—	—	—	—	—	—	—	—
„ 771,9 „ 771,0			—	—	—	—	—	—	—	—	—	—
„ 770,9 „ 770,0	2		—	—	—	—	—	—	—	—	—	—
„ 769,9 „ 769,0				—	—	—	—	—	—	—	—	—
„ 768,9 „ 768,0				—	—	—	—	—	—	—	—	
„ 767,9 „ 767,0				—	—	—	—	—	—	—	—	3
„ 766,9 „ 766,0	10	2		—	—	—	—	—	—		—	
„ 765,9 „ 765,0	13		2	—	—	—	—	—	—		—	13
„ 764,9 „ 764,0	26			—	—	—	—	—	—	2	3	13
„ 763,9 „ 763,0	36			—	—	—	—	—	—		7	16
„ 762,9 „ 762,0	32			—	—	—	—	—	—		14	16
„ 761,9 „ 761,0	32	18	10	—		—	—	—	3		20	20
„ 760,9 „ 760,0	32	29	19	7	4	—	—	—	7	7	23	23
„ 759,9 „ 759,0	32	39	23	7		—	—	—	7	13	20	20
„ 758,9 „ 758,0	39	46	19	7	13	—	—	—	7	20	23	20
„ 757,9 „ 757,0	45	50	16	13	16	7		6	17	29	27	30
„ 756,9 „ 756,0	52	50	23	20	13	13	9	16	33	36	27	36
„ 755,9 „ 755,0	48	43	32	20	26	27		29	40	39	34	33
„ 754,9 „ 754,0	45	46	39	23	45	40	26	39	46	52	48	26
„ 753,9 „ 753,0	48	43	35	30	55	44	46	45	56	68	54	20
„ 752,9 „ 752,0	42	36	32	37	61	64	69	58	59	62	54	23
„ 751,9 „ 751,0	39	36	32	40	71	67	82	58	63	49	48	33
„ 750,9 „ 750,0	39	39	39	47	84	80	91	65	76	49	41	36
„ 749,9 „ 749,0	29	43	52	53	78	97	101	84	86	55	44	39
„ 748,9 „ 748,0	23	43	58	73	65	91	101	97	76	59	58	52
„ 747,9 „ 747,0	26	36	48	83	58	84	95	87	66	62	54	59
„ 746,9 „ 746,0	39	36	45	77	58	84	85	84	63	59	41	46
„ 745,9 „ 745,0	42	46	52	67	58	74	72	81	66	49	41	36
„ 744,9 „ 744,0	39	46	52	60	58	60	65	68	46	39	48	36
„ 743,9 „ 743,0	26	32	45	50	58	50	52	58	40	36	41	43
„ 742,9 „ 742,0	19	29	32	50	48	37	46	45	30	33	34	46
„ 741,9 „ 741,0	26	25	32	57	32	20	33	26	20	29	34	39
„ 740,9 „ 740,0	23	25	39	43	23	13		19	26	26	34	33
„ 739,9 „ 739,0	10	25	39	30	16	13		13	26	26	27	33
„ 738,9 „ 738,0	6	21	32	33	13	10	3	10	17	20	17	30
„ 737,9 „ 737,0	10	14	29	27	13	7		6		16	14	26
„ 736,9 „ 736,0	10	14	26	17	10			3		20	17	20
„ 735,9 „ 735,0	10	14	23	7	3	3	—	—	4	13	14	20
„ 734,9 „ 734,0	10	7	16	7	—		—	—			14	20
„ 733,9 „ 733,0	6	7	6		—		—	—			10	13
„ 732,9 „ 732,0		7	3	6	—	—	—	—			7	7
„ 731,9 „ 731,0		4	6		—	—	—	—	—	3	3	7
„ 730,9 „ 730,0	3	7	6	—	—	—	—	—	—		3	7
„ 729,9 „ 729,0		7	6	—	—	—	—	—	—		—	
„ 728,9 „ 728,0				—	—	—	—	—	—		—	
„ 727,9 „ 727,0	—			—	—	—	—	—	—	—	—	
„ 726,9 „ 726,0	—	3	3	—	—	—	—	—	—	—	—	
„ 725,9 „ 725,0	—			—	—	—	—	—	—	—	—	1
„ 724,9 „ 724,0	—			—	—	—	—	—	—	—	—	
„ 723,9 „ 723,0	—	—	—	—	—	—	—	—	—	—	—	
„ 722,9 „ 722,0	—	—	—	—	—	—	—	—	—	—	—	

In diesen Zusammenstellungen werden den Gruppen
..... von 750,9 bis 750,0, 749,9 bis 749,0, 748,9 bis 748,0, ...
die Mittelwerthe
..... 750,45 749,45 748,45 .....
entsprechen, und man wird den wirklichen Beobachtungen nahe kommen, wenn man allen in eine Gruppe fallenden Werthen denselben, nämlich den Mittelwerth der Gruppe beilegt.

Zur Construction der Häufigkeitscurven wurden die Wahrscheinlichkeitswerthe und nicht die ausgeglichenen Häufigkeitszahlen der Beobachtungen selbst benutzt, um wenigstens von der Construction die durch die verschiedene Anzahl der Beobachtungen bedingten Verschiedenheiten fern zu halten. Als Maasstab wurde für die Abscisse 1 mm Druck = 1 cm und für die Ordinate 10 ‰ = 1 cm gewählt. Die Typen dieser Curven sind bereits in Fig. 7 S. 23 gegeben.[1]) Zur Bestimmung der Scheitelwerthe wurden natürlich con-

Tab. 8. **Scheitelwerthe des Luftdrucks zu Breslau, 1876—1885.**
Millimeter. (Corrigirt wegen der Schwerebeschleunigung.)

	6h a. m.			2h p. m.			10h p. m.		
	S'	S	S,	S'	S	S,	S'	S	S,
Jan.	763,6	**756,5**	745,8*	762,4*	**755,1**	748,7	761,2	**757,0**	749,4
Febr.	**756,4**	749,3*	745,3	**757,5**	747,4	742,6*	**759,0**	754,7	742,9*
März	755,0*	**749,0**	745,6	755,6*	**748,6**	745,8	754,9*	**747,9**	742,3
April	—	747,6	—	—	748,4	—	—	748,6	742,7
Mai	—	751,0	—	—	750,5	—	—	751,0	—
Juni	—	750,0	—	—	749,0	—	—	748,7	—
Juli	—	749,6	—	—	748,6	—	—	750,0	—
Aug.	—	748,4	—	—	748,5	—	—	747,8	—
Sept.	—	749,9	—	—	**751,0**	747,9	—	750,7	—
Oct.	—	**753,9**	747,8	—	**753,7**	747,1	—	**754,5**	747,3
Nov.	753,3	**749,0**	745,0*	753,8	**749,4**	742,5*	754,6	**749,4**	—
Dec.	756,5*	**747,7**	742,7	756,6*	**748,0**	744,0	757,8	**748,2**	744,8

[1]) Aehnliche Curven finden sich in: Meteorological Charts for the Ocean District adjacent to the Cape of Good Hope. Published under the Authority of the Meteorological Council, London 1882. Bei der Vergleichung dieser Curven unter einander hat man jedoch die äusserst verschiedene Anzahl der Beobachtungen, auf welcher die verschiedenen Curven beruhen, wohl im Auge zu behalten.

tinuirliche Curven gezogen, welche sich den gegebenen Punkten möglichst anschlossen.

Die aus den Curven entnommenen Scheitelwerthe sind dann, um sie mit den Mittelwerthen der Tab. 6 vergleichbar zu machen, wegen der Veränderlichkeit der Schwerebeschleunigung um 0,4 mm corrigirt und in Tab. 8 zusammengestellt.

Ein Zeitraum von 10 Jahren ist nun zwar zu einer genauen Bestimmung der Scheitelwerthe für die kältere Jahreshälfte in unsern Breiten nicht ganz ausreichend, und daher sind diese in obiger Tabelle ziemlich unsicher, doch lange nicht so sehr, dass man die zum Theil recht beträchtlichen Differenzen zwischen den Scheitelwerthen und den arithmetischen Mitteln hierdurch erklären könnte.

Die bereits S. 23 bei Besprechung der auf Wien bezüglichen Curven Fig. 7 erwähnten secundären Scheitel der Wintermonate treten auch hier deutlich heraus, und sind die ihnen zukommenden Werthe in Tab. 8 mit aufgenommen, sofern sie deutlich genug hervortraten. Von den drei Scheitelwerthen S', S und $S_{,}$ ist immer der höchste, dessen Werth also der wahrscheinlichste ist, fett gedruckt und der tiefste, also der von den drei Scheitelwerthen unwahrscheinlichste, durch ein * ausgezeichnet.

Es würde verfrüht sein, an diese Tabelle eine weitere Discussion zu knüpfen und daraus Schlüsse über die tägliche Periode der Cyclonen und Anticyclonen ziehen zu wollen. Dazu ist das vorhandene Material noch zu dürftig und zu unsicher. Soviel aber wird man aus der Vergleichung der Tabb. 6 und 8 entnehmen können, dass selbst im Sommer (hier sind die Scheitelwerthe schon recht sicher den Curven zu entnehmen) die tägliche Periode des Luftdrucks sich in weitern Grenzen zu bewegen pflegt, als die arithmetischen Mittelwerthe das erwarten lassen.

Um die vorherrschende Vertheilung des Luftdrucks über ausgedehnten Bezirken zu übersehen, construirt man Isobarenkarten. Man hat diese bislang immer auf arithmetische Mittelwerthe gegründet und die Orte durch Curven verbunden, welche gleichen mittleren Barometerstand aufweisen.[1]) Es wäre gewiss sehr lohnend, einmal den Versuch zu machen, die Isobaren nach den Scheitel-

[1]) Als bestes Muster für derartige Untersuchungen sei auf Hann's Arbeit verwiesen: „Die Vertheilung des Luftdrucks über Mittel- und Süd-Europa.“ Penck's geograph. Abhdlgg. II., Heft 2, Wien 1887.

werthen zu ziehen, freilich eine mühevolle Aufgabe, da es noch an allen Vorarbeiten fehlt. Im Grossen und Ganzen wird die vorherrschende Vertheilung des Luftdrucks über die Erde ein ähnliches Bild darbieten, wie die mittlere, dafür spricht die im Ganzen so gute Bewährung des Buys Ballot'schen Gesetzes auch an den bekannten Karten der Monatsisobaren; gewiss aber werden im Detail doch manche Abweichungen hervortreten, und jenes Gesetz wird sich voraussichtlich an den Curven gleichen Scheitelwerths noch besser bestätigen, weil man die vorherrschenden Winde streng genommen auch nur zu der vorherrschenden Luftdruckvertheilung in Beziehung setzen darf.

Ob man nun die Isobaren nach Mittel- oder nach Scheitelwerthen ziehen will, immer müssen die Beobachtungen aller in Betracht kommenden Orte auf dasselbe Niveau, in der Regel das Meeresniveau, reducirt werden. In beiden Fällen geschieht das in derselben Weise.

Man bedient sich dazu der barometrischen Höhenmessformel, die in ihrer strengen Form folgendermassen lautet:

$$4)\quad h = 18399{,}8\left(1 + \alpha\,\frac{t_{,} + t'}{2}\right)\left\{1 + \frac{0{,}378}{2}\left(\frac{e_{,}}{B_{,}} + \frac{e'}{B'}\right)\right\}$$
$$\times\,(1 + 0{,}50259 \cos 2\varphi)\,(1 + \beta z)\,\log\frac{B_{,}}{B'}\,.$$

Darin beziehen sich die unteren Indices auf die untere, die oberen auf die obere Station, und zwar bezeichnet t die Lufttemperatur, e die absolute Luftfeuchtigkeit und B den wahren Luftdruck, ferner ist $\alpha = 0{,}00367$ und β für unsere Zwecke $= 196 \times 10^{-9}$ zu setzen.

In der Klimatologie kommt es nun nicht auf die Bestimmung der Höhendifferenz verschiedener Orte an, sondern auf die Reduction verschiedener Luftdruckwerthe auf dieselbe Seehöhe. Zu dem Zweck hat man die Gleichung 4) nach $B_{,}$ oder B' aufzulösen, je nachdem man auf ein tieferes oder ein höheres Niveau reduciren will. Soll diese Reduction ganz streng durchgeführt werden, so hat man dabei zu bedenken, dass der Abstand zweier benachbarten Niveauflächen der Schwerebeschleunigung umgekehrt proportional variirt. Ist daher N_{45} die Seehöhe irgend einer Niveaufläche in 45^0 Breite, und N_φ die Seehöhe derselben Fläche in der Breite φ, so besteht die Gleichung

$$N^\varphi = N_{45}\,(1 + 0{,}0026 \cos 2\varphi).$$

Hat man also in der Breite φ den Luftdruck in z Meter Seehöhe bestimmt, und man wünscht diesen auf das höhere Niveau von N_φ Meter zu beziehen, so hat man in 4) $N_\varphi - z$ an Stelle von h zu setzen

$$h = N_\varphi - z = N_{45}\,(1 + 0{,}0026 \cos 2\,\varphi) - z$$

oder angenähert

$$h = \left\{N_{45} - z\,(1 - 0{,}0026 \cos 2\,\varphi)\right\}\,(1 + 0{,}0026 \cos 2\,\varphi).$$

Führt man diesen Werth in 4) ein, und setzt zur Abkürzung $\frac{t_{,} + t'}{2} = t$ und $\frac{1}{2}\left(\frac{e_{,}}{B_{,}} + \frac{e'}{B'}\right) = \frac{e}{B}$, so erhält man

$$5)\quad \log B' = \log B_{,} - \frac{N_{45} - z\,(1 - 0{,}0026 \cos 2\,\varphi)}{18399{,}8\,(1 + \alpha t)\left(1 + 0{,}378\,\frac{e}{B}\right)(1 + \beta z)}.$$

In den meisten Fällen ist es nicht erforderlich, sich der strengen Formel 4) zu bedienen, man kann sich mit mehr oder minder grossen Annäherungen begnügen. Es mögen daher hier noch einige Näherungsformeln angeführt werden, in denen aber vor wie nach unter B immer die wegen der Veränderlichkeit der Schwerebeschleunigung bereits corrigirten Barometerstände verstanden sind.

C. Bruhns hat folgende Formel aufgestellt:

$$6)\quad h = 18431\,(1 + 0{,}00390\,t)\,(1 + 0{,}0026 \cos 2\,\varphi)\,\log \frac{B_{,}}{B'},$$

welche Köppen[1]) modificirt und Sprung[2]) dann auf diese Form gebracht hat:

$$7)\quad h = \left\{18431 + 71{,}9\left(t + \frac{45^0 - \varphi}{52}\right)\right\}\log \frac{B_{,}}{B'}.$$

Dieser Ausdruck bietet indessen eine ausreichende Genauigkeit nur, so lange $10^0 < \varphi < 80^0$, will man ihn auch für niedere Breiten anwenden, so hat man für 5^0 Breite t um $0{,}1^0$ und am Aequator um $0{,}2^0$ zu erhöhen. Ferner soll $0^0 < t < 20^0$ sein, für Temperaturen zwischen 0^0 und -23^0 ist 69 für 71,9 zu setzen.

Hann ist in seiner angeführten Arbeit über den Luftdruck in Mittel- und Südeuropa ähnlich wie Bruhns verfahren und hat folgende Form benutzt:

$$8)\quad h = 18428\,(1 + 0{,}004\,t)\,(1 + 0{,}0026 \cos 2\,\varphi)\,(1 + \beta z)\,\log \frac{B_{,}}{B'}.$$

---

[1]) Köppen, Z. f. M. 17, S. 85, 1882.

[2]) Sprung, Lehrbuch der Meteorologie S. 78, Hamburg 1885.

In Betreff weiterer Vereinfachungen dieses Reductionsverfahrens, wenn es sich um Monats- und Jahresmittel handelt, und die Seehöhe nicht allzu gross ist, verweise ich auf die mehrfach citirte Abhandlung von Hann, Cap. IX.

Bei nicht zu grosser Seehöhe und mässigen Ansprüchen an die Genauigkeit kann man der logarithmischen Rechnung ganz entrathen und sich der Babinetschen Formel bedienen:

$$9) \quad h = 16000\,(1 + 0{,}004\,t)\,\frac{B_{,} - B'}{B_{,} + B'}.$$

Diese Formel hat Köppen[1]) so modificirt, dass sie sich dem Gedächtniss sehr leicht einprägt:

$$10) \quad h = 60\,(B_{,} - B')\,\frac{267 + t}{762 + B'},$$

sie liefert also für die Reduction aus dem höhern Niveau auf das tiefere den Ausdruck

$$11) \quad B_{,} - B' = \frac{h}{60} \cdot \frac{762 + B'}{267 + t}.$$

In der Regel ist nur t' gegeben, und man hat t daraus mit Hülfe bestimmter Voraussetzungen über die Grösse der Temperaturabnahme mit der Höhe herzuleiten. (Hann benutzt hierzu l. c. für Centraleuropa folgende Werthe: Nov., Dec., Jan.: 0,40°; Febr. und Octob.: 0,45°; März und September: 0,50°; April und Aug.: 0,55°; Mai, Juni, Juli: 0,60° und für das Jahresmittel: 0,50° für je 100 m. Vergl. ferner Cap. 8, S. 96, Tab. 14.)

In den letzten Formeln haben wir es nur mit Näherungswerthen zu thun, und können deshalb für die Temperaturabnahme mit der Höhe feste Werthe einführen. Setzen wir also in 11) t' an Stelle von t, so giebt diese Gleichung die Reductionsgrösse für die Temperaturabnahme Null, ein Fall, der im Winter bis zu etwa 1500 M. nicht selten ist. Wird die Temperaturabnahme zu 0,58° pro 100 M. angenommen, so giebt Köppen die Gleichung

$$12) \quad B_{,} - B' = \frac{h}{54} \cdot \frac{520 + B'}{250 + t'}$$

und wenn jene Grösse, wie im Sommer um Mittag vorkommt, 0,78° beträgt

$$13) \quad B_{,} - B' = \frac{h}{50} \cdot \frac{456 + B'}{256 + t'}.$$

[1]) Köppen, M. Z. 5, S. 370, 1888.

8. Die Lufttemperatur.

Der Laie versteht unter der Lufttemperatur in der Regel den Gesammtwärmeeffect seiner Umgebung, wie er aus der Lufttemperatur im meteorologischen Sinne und der Wirkung der Strahlung der Sonne sowohl als der nächsten Umgebung resultirt. Im günstigsten Falle macht er eine Unterscheidung zwischen „Temperatur in der Sonne“ und „Temperatur im Schatten“; aber auch diese Unterscheidung ist wissenschaftlich nicht brauchbar, weil weder die „Temperatur in der Sonne“ noch die „Temperatur im Schatten“ messbar ist. Sie beide werden eben durch die Strahlung so wesentlich beeinflusst, dass es nicht gelingt, für verschiedene Orte vergleichbare Resultate zu erhalten; denn die Strahlung ist mit Ort und Zeit sehr variabel und wirkt auf verschiedene Instrumente, selbst gleicher Construction, merklich verschieden ein. Streng vergleichbare Resultate kann man nur erwarten, wenn man die Messinstrumente vollkommen gegen Strahlung schützt. So versteht man in der Meteorologie unter „Lufttemperatur“ die Temperatur der in einer Höhe von etwa 1—2 m über dem Erdboden befindlichen Luft bei Ausschluss aller Strahlung auf die Thermometer.

Die Vermeidung der Strahlung erfordert eine Beschirmung der Thermometer, von der nur unter besonders günstigen örtlichen Verhältnissen abgesehen werden kann. Eine Beschirmung hindert andererseits wieder die Ventilation in der Nähe der Instrumente; es gilt also eine Exponirung der Thermometer zu ersinnen, welche gleichzeitig gegen Strahlung hinreichenden Schutz gewährt und die Ventilation nicht allzu sehr beschränkt. Daher ist es begreiflich, dass die Frage nach der besten Aufstellung schon häufig erörtert worden ist, ohne dass man bislang zu einem allgemein angenommenen Schluss gekommen ist.[1]) Die eine Art der Exponirung scheint hier,

[1]) Z. B. Wild: Ueber die Bestimmung der Temperatur und Feuchtigkeit der Luft, Zeitschr. d. östr. Ges. f. Met. 19, S. 433, 1884, und 20, S. 161, 1885. — Neue Versuche über die Bestimmung der wahren Lufttemperatur, Repert. f. Meteorologie Bd. X., No. 4, 1887. — Hazen: Ueber die Bestimmung der Temperatur und Feuchtigkeit der Luft, Zeitschr. d. östr. Ges. f. Met. 20, S. 90, 1885. — Köppen: Studien über die Bestimmung der Lufttemperatur und des Luftdrucks I, Archiv der Deutschen Seewarte Bd. X., No 2, 1887, Hamburg 1888. — Sprung: Bericht über vergleichende Beobachtungen an verschiedenen Thermometer-Aufstellungen zu Gr. Lichterfelde bei Berlin. Abhdlgg. der K. Preuss. Meteorolog. Instituts Bd. I., No. 2, 1890.

die andere dort vortheilhafter, — allen Anforderungen dürfte kaum eine entsprechen. Selbst innerhalb derselben Beobachtungssysteme finden wir meistens verschiedene Thermometeraufstellungen, was zur Erhöhung der Vergleichbarkeit der Angaben über die Lufttemperatur jedenfalls nicht beiträgt. Die am besten vergleichbaren Resultate verspricht wohl das Assmann'sche Aspirationsthermometer, allein bislang ist dasselbe in seiner definitiven Gestalt noch nirgends in Gebrauch.[1])

Für uns handelt es sich hier nur um die Verarbeitung der bereits vorliegenden Beobachtungen, und die Art, wie dieselben gewonnen sind, interessirt uns nur insoweit, als dadurch die Zuverlässigkeit und die Vergleichbarkeit der veröffentlichten Werthe bedingt sind. Bislang enthalten die Publicationen meteorologischer Beobachtungen aber nur ausnahmsweise Angaben über Art der Thermometeraufstellung, und es ist daher überflüssig, die Vorzüge und Nachtheile der verschiedenen Aufstellungssysteme zu besprechen, wir haben nur darauf hinzuweisen, dass durch die verschiedene Art der Exponirung der Messinstrumente zwischen verschiedenen Orten scheinbare, wenn auch geringe, so doch systematische Temperaturunterschiede auftreten können, die in der Natur gar nicht vorhanden sind, und es ist nicht unmöglich, dass manche derartige, unerklärte und vermeintlich erklärte Differenzen ganz fortfallen oder doch kleiner ausfallen würden, wenn die Thermometer überall und immer mit derselben Annäherung die wahre Lufttemperatur angeben würden.

Wir haben uns also zu hüten, die Vergleichbarkeit der Angaben verschiedener Stationen zu hoch zu schätzen. Doch darf das andererseits unsere Sorgfalt in der Berechnung der Beobachtungen nicht mindern. Die Rechnungsergebnisse dürfen hinsichtlich ihrer Genauigkeit nicht hinter den Beobachtungen zurückbleiben; über die unvermeidlichen Fehler der letzteren hinauszugehen hat aber auch keinen Sinn. Bei den Angaben über die Lufttemperatur beschränken wir uns daher auf die Zehntel Grade der hunderttheiligen Scale, die Hundertstel führen wir nur in den Rechnungen mit, in den Resultaten würden sie nur unnützer, ja hinderlicher Ballast sein.

Wir wollen nun zunächst die zur Characterisirung der Temperaturverhältnisse eines Ortes bislang in Betracht genommenen Werthe

---

[1]) Assmann: Das Aspirations-Psychrometer und seine Verwendung im Luftballon, Zeitschr. f. Luftschifffahrt 1890, S. 1.

und deren Ableitung aus langjährigen Beobachtungen besprechen und alsdann die Stellung der arithmetischen Mittelwerthe zu den betreffenden Scheitelwerthen betrachten. Zur Erläuterung ziehen wir in erster Linie wieder die Beobachtungen von Breslau aus den Jahren 1876—85 heran, und zwar nach den bereits oben angeführten Quellen. Ueber die Lage der Station braucht nur noch hinzugefügt zu werden, dass die Thermometer 28,7 m über dem Erdboden, also, durch locale Verhältnisse bedingt, aussergewöhnlich hoch aufgestellt sind.

Den Grundstock für die Temperaturtafeln bilden bislang die arithmetischen Mittelwerthe für die einzelnen Stunden, Tage, Monate, Jahreszeiten und das Jahr.

Wie der Mittelwerth für eine bestimmte Tagesstunde erhalten wird, ist ohne Weiteres klar, man hat die unter Beachtung des Vorzeichens gebildete Summe aller Beobachtungen der betreffenden Stunde durch die Anzahl aller Beobachtungen zu dividiren.

Weniger einfach gestaltet sich die Bestimmung der mittleren Lufttemperatur eines Tages, des „wahren Tagesmittels". In strengem Sinne ist dieses die Höhe desjenigen Rechtecks, welches gleiche Grundlinie und gleichen Inhalt mit dem Flächenstück hat, welches begrenzt wird durch die continuirlich registrirte Tagescurve der Lufttemperatur, den dem Anfang und dem Ende des Tages entsprechenden Ordinaten und dem zwischenliegenden Stück der Abscissenaxe. Dabei sind die auf entgegengesetzten Seiten der als Nulllinie dienenden Abscissenaxe gelegenen Flächenstücke mit entgegengesetzten Zeichen einzuführen.

Instrumente zur continuirlichen Aufzeichnung sind wegen ihrer Kostspieligkeit nur wenig verbreitet, und wo solche existiren, da scheitert die Publication der Curven fast überall wiederum an den damit verbundenen Kosten, man beschränkt sich in der Regel auf die Veröffentlichung der jenen Curven entnommenen Temperaturen für die vollen Stunden. Das ist für klimatologische Zwecke auch ausreichend; denn das arithmetische Mittel aus den 24 Angaben für alle Tagesstunden unterscheidet sich von dem mit Hülfe des Planimeters aus den Curven selbst abgeleiteten Werthe nur selten um kleine Grössen, welche die Fehler der Planimetermessung überschreiten. Unter dem „wahren Tagesmittel der Lufttemperatur" versteht man demnach in der Klimatologie das Mittel aus den stündlich aufgezeichneten Temperaturmessungen, mögen dieselben nun Registririnstrumenten oder directen Ablesungen, wie sie früher allein möglich waren, entnommen sein. In derselben Weise bestimmt man die „wahren Tagesmittel“ der andern meteorologischen Elemente.

An der weitaus überwiegenden Mehrzahl der Stationen finden aber, wie schon bemerkt, keine Registrirungen statt, es wird die Lufttemperatur täglich nur dreimal gemessen, und ausserdem werden in der Regel noch die extremen Werthe derselben innerhalb 24 Stunden an den Extremthermometern abgelesen. Es fragt sich also, wie die Beobachtungstermine zu wählen und wie die Ergebnisse der Beobachtungen zu combiniren sind, damit aus ihnen ein dem wahren Mittel möglichst nahe kommender Werth erhalten werde, und wenn die Wahl hierüber entschieden ist, ob und welche Correctionen an dem „rohen Tagesmittel“ anzubringen sind, um dasselbe auf das „wahre“ zu reduciren.

Man könnte vielleicht meinen, dass man nach dem, was oben in Cap. 2 über die Bedeutung des arithmetischen Mittels schon gesagt worden ist, und dem, was weiter unten über seine Beziehung zum Scheitelwerth noch anzuführen sein wird, die Annäherung des rohen Tagesmittels an das wahre nicht allzuweit zu treiben brauche. Allein das wäre doch nicht recht. Auch das wahre Tagesmittel wird sich zwar zum vorherrschenden Werthe der Lufttemperatur um dieselbe Zeit an verschiedenen Orten und an demselben Orte zu verschiedenen Zeiten verschieden stellen. Allein es lässt sich hierüber z. Z. noch nichts Bestimmtes sagen, nur soviel wird man auch ohne weitere Untersuchung behaupten können, die Häufigkeitscurve aller stündlichen Beobachtungen während desselben Monats im Laufe einer nicht zu kurzen Reihe von Jahren wird zwei Scheitel aufweisen, und das wahre Mittel wird zwischen diesen (je nach der Jahreszeit verschieden) liegen. Doch hierüber müssen wir erst eingehendere Untersuchungen abwarten. Wenn man also, was allerdings immer das Beste sein würde, die Vergleichung der Temperaturverhältnisse verschiedener Orte nicht auf die Beobachtungen gleicher Termine gründen kann, und zu Tagesmitteln greifen muss, so wird man hierzu immer die wahren Mittel nehmen müssen; denn diese sind unter einander vergleichbarer als die rohen. Von besonderer Wichtigkeit wird dieses dann, wenn die Termine nicht an allen Orten dieselben sind, und das ist leider sehr häufig der Fall. Es ist zwar für die Gleichartigkeit der Beobachtungen in den verschiedenen Beobachtungsnetzen in neuerer Zeit sehr viel gethan, allein wir treffen doch immer noch, selbst innerhalb relativ beschränkter Gebiete, z. B. Deutschland, verschiedene Beobachtungszeiten und dementsprechend auch verschiedene Combinationen der Einzelbeobachtungen zu Mittelwerthen. Bedenkt man ferner, dass auch die aus denselben Terminen abgeleiteten rohen Mittel von den entsprechenden wahren je nach Ort und Zeit verschieden weit abweichen, so wird man die Nothwendigkeit einer Reduction auf wahre Mittel zugestehen.

In welcher Weise die an gegebenen Tagesstunden angestellten Beobachtungen am passendsten zu combiniren sind, und wie gross die bei der gewählten Combination etwa noch anzubringenden Correctionen sind, das kann natürlich zunächst nur für solche Stationen entschieden werden, für welche stündliche Beobachtungen vorliegen, für Normalstationen. Mit Hülfe des Erfahrungssatzes, dass einigermaassen durchgreifende Temperaturänderungen nur selten local auftreten, dass sie vielmehr fast immer über weiten Gebieten in demselben Sinne, wenn auch mit allmälig abnehmender Intensität, erfolgen, kann man dann auch die Correctionen für solche Orte ableiten, für welche von jedem Tage nur wenige Beobachtungen vorliegen, indem man dieselben auf benachbarte Normalstationen mit für die fragliche Combination der Beobachtungen bekannten Correctionen bezieht. Dabei ist meist eine gewisse Willkür nicht zu vermeiden, woraus der Wunsch folgt, die Beobachtungen von vorn herein so zu verbinden, dass sich das rohe Mittel dem wahren möglichst anschliesst. Denn je kleiner die nothwendige Correction für sich ist, von um so geringerm Belang ist der Einfluss jener Willkür.

Um dieses Ziel zu erreichen, hat man sich genöthigt gesehen, bei einigen Beobachtungsterminen von der directen Mittelbildung abzugehen und den verschiedenen Stunden ein verschiedenes Gewicht beizulegen. Von den mannigfachen Combinationen der Beobachtungen mögen hier die am häufigsten verwendeten Platz finden, darin sind wie üblich die Beobachtungen selbst durch die Stunden ersetzt, an denen sie gemacht werden.

1) $\frac{1}{4}(7^a + 2^p + 2 \times 9^p)$
2) $\frac{1}{3}(6^a + 2^p + 10^p)$
3) $\frac{1}{3}(7^a + 1^p + 9^p)$
4) $\frac{1}{2}(8^a + 8^p)$
5) $\frac{1}{4}(8^a + 2^p + 8^p + \text{Min.})$
6) $\frac{1}{2}(\text{Max.} + \text{Min.})$

Die Combination 1) liefert für unsere Gegenden wohl die besten Resultate, die anzubringenden Correctionen sind kleiner als bei den andern und im Jahreslauf weniger variabel; sie war schon bei der Mannheimer meteorologischen Gesellschaft in Uebung. Die nächst besten Resultate liefert 2). Dieser Combination wurde bei der Gründung des preussischen meteorologischen Systems durch Mahlmann der Vorzug gegeben, doch hat man neuerdings die Termine 7^a, 2^p, 9^p und die Berechnung des Tagesmittels nach 1) eingeführt.

Die Correctionsgrösse, welche an diesen rohen Mitteln anzubringen ist, erhält man am einfachsten, indem man sie mit den wahren, 24stündigen Mitteln an den Normalstationen vergleicht; die Differenz beider liefert die additiv oder subtractiv dem rohen Mittel anzufügende Correction. Für Nachbarstationen bringt man dieselben Reductionsgrössen wie bei der Normalstation an oder interpolirt die Correctionen nach Massgabe ihrer Lage zu den Normalstationen, wenn deren mehrere vorhanden sind. Dieses Verfahren setzt voraus, dass der tägliche Gang der Temperatur der Zwischenstation auch zwischen dem an den Normalstationen liege. Das ist aber niemals ganz der Fall, stimmt auch die Form der Tagescurve überein, so zeigt doch die Amplitude selbst bei nahe gelegenen Orten häufig starke Verschiedenheiten. Um diesen letzteren Umstand zu berücksichtigen, hat daher Kämtz in seinem Lehrbuch der Meteorologie (I, S. 104) folgende Methode vorgeschlagen.

Man bildet sowohl für die Station A, für welche aus wenigen täglichen Beobachtungen das wahre Mittel M_a bestimmt werden soll, wie auch für die Normalstation N die Mittelwerthe m_a und m_n für dieselben Stunden (die Termine von A), um aus der Vergleichung von m_n mit dem wahren Mittel M_n zu ersehen, ob eine Correction überhaupt nöthig ist. Ist das der Fall, und beträgt sie $\varDelta_n$, so berechnet Kämtz die Summe der Abweichungen der Mittagsbeobachtungen von den Abendbeobachtungen ebenfalls für beide Stationen, sie seien a und n, und setzt

$$\varDelta_a = \varDelta_n \frac{n}{a}.$$

Damit würde der Einfluss der Amplitude eliminirt sein. Allein es hat sich gezeigt, dass dieser Einfluss practisch ohne Belang ist, wenn man über Normalstationen mit einigermassen gleichem Klima verfügt, im andern Falle aber ist die Reduction auf wahre Mittel überhaupt misslich.

Die an den rohen Mitteln anzubringenden Correctionen sind für die verschiedensten Orte in zahlreichen Abhandlungen abgeleitet worden, von denen hier die wichtigsten angeführt werden mögen, einige davon enthalten nur die Mittel zur Berechnung der Correction:

Dove: Ueber die täglichen Veränderungen der Temperatur der Atmosphäre, Abhandlungen der Berliner Akademie 1846 u. 1856. Die Tabellen dieser Arbeiten sind in E. E. Schmid's Lehrbuch der Meteorologie. Leipzig 1860, wieder abgedruckt.

Jelinek: Ueber die täglichen Aenderungen der Temperatur nach den Beobachtungen der österreichischen meteorologischen Stationen. Denkschriften der Wiener Akademie, mathem. naturw. Classe Bd. 27, 1867.

Köppen: Tafeln zur Ableitung der Mitteltemperatur der gebräuchlichsten Combinationen von 2 und 3 Beobachtungen am Tage. Repert. f. Meteorologie Bd. III, Nr. 7, 1873.

Hellmann: Die täglichen Veränderungen der Temperatur der Atmosphäre in Norddeutschland, Berlin 1875.

Wild: Die Temperaturverhältnisse des russischen Reiches. Repert. f. Meteorologie, Supplementband I, 1881.

F. Erk: Die Bestimmung wahrer Tagesmittel der Temperatur; Abhandlgg. der Münchener Akademie, II. Cl., XIV. Bd., II. Abth. 1883 und „Zur Temperatur von München" in Beobachtungen der meteorologischen Stationen im Königreich Bayern Bd. VI, 1884.

Hann: Die Temperaturverhältnisse der österreichischen Alpenländer III. Sitzungsberichte der Wiener Akademie Bd. 92. Mathem. naturw. Classe, II. Abth. 1885.

Wahlén: Wahre Tagesmittel und tägliche Variation der Lufttemperatur an 18 Stationen des russischen Reiches. Repert. f. Meteorologie, Supplementband, III, 1886.

Die S. 73 unter 5) angegebene Combination ist vom Wiener Meteorologen-Congress vorgeschlagen worden, doch ist sie nicht sehr günstig; denn sie liefert namentlich im Winter bedeutend zu niedrige Werthe, weil sie die unperiodischen Temperaturminima mit umfasst. Die Beobachtungen zur Zeit der hier in Betracht kommenden Termine erweisen sich überhaupt als sehr spröde für klimatologische Ausnutzung, und deshalb haben Köppen[1]) und

---

[1]) Köppen: Ueber die Ableitung wahrer Tagesmittel aus den Beobachtungsstunden 8^h a. m., 2^h p. m., und 8^h p. m.; Annalen der Hydrogr. 1888, S. 341.

Schreiber[1]) ihnen besondere Studien gewidmet, die wir ihrer principiellen Bedeutung wegen näher betrachten müssen.

Der Weg, den Köppen verfolgt (eine Ertheilung verschiedenen Gewichts an die Mittel der einzelnen Termine), ist bereits von Humboldt und Kämtz vorgeschlagen, doch gehört die systematische Durchbildung der Methode Köppen und Mohn, welch letzterer schon seit 1884 die Temperaturbeobachtungen der jenseits des Polarkreises gelegenen Stationen des norwegischen meteorologischen Instituts nach denselben Regeln berechnen lässt, welche unabhängig von ihm durch Köppen aufgestellt und begründet worden sind.

Nehmen wir an, es seien an den drei Terminen die Werthe I, II, III beobachtet. Den beiden, dem Tagesmittel nähern Werthen, I und III, legen wir dasselbe und dem extremen Werthe II das noch zu bestimmende variable Gewicht α bei. Dem extremen Werthe ein variables Gewicht zu geben, empfiehlt sich deshalb, weil das Mittel gegen die Gewichtsänderungen der extremen Stunden weit empfindlicher ist als gegen solche der andern Termine. Setzen wir nun $\frac{1}{2}$ (I + III) = q, und nennen wir das wahre Mittel m, so ist

$$m = \frac{2q + \alpha II}{2 + \alpha} = \frac{2q + \alpha q + \alpha II - \alpha q}{2 + \alpha}$$

$$1) \quad m = q + c\,(II - q), \text{ wo} \qquad 2) \quad c = \frac{m - q}{II - q}.$$

Kennen wir also für gewisse Normalstationen m, so können wir für diese c berechnen, und danach die c für zwischenliegende Stationen interpoliren; dann erhalten wir durch 1) direct die wahren Tagesmittel.

Wenn ferner, wie das ja in der Regel der Fall sein wird, neben den Temperaturbeobachtungen I, II, III noch das Tagesminimum bekannt ist, so geben wir den drei Terminbeobachtungen dasselbe und dem Minimum das mit Zeit und Ort variable Gewicht β. Wir setzen $n = \frac{1}{3}$ (I + II + III) und bezeichnen das wahre Mittel wieder durch m, dann haben wir

$$3) \quad m = \frac{3n - \beta \,.\, \text{Min.}}{3 + \beta} = n - k\,(n - \text{Min.})$$

[1]) Schreiber: Zur Frage der Herleitung wahrer Tagesmittel der Lufttemperatur aus drei- resp. viermaligen Beobachtgg. Met. Zeitschr. 5, S. 259, 1888.

$$4)\quad k = \frac{n - m}{n - \text{Min.}}.$$

Diese Formeln sind zur Berechnung des wahren Tagesmittels sehr brauchbar. Köppen hat sie für die Stationen Schwerin, Stettin, Kopenhagen, Plymouth, Groningen, Helder, Utrecht, Brüssel, Petersburg, Upsala, München und Melbourne auf die Termine 8^a, 2^p, 8^p und das Minimum angewendet und k berechnet. Dabei hat er gefunden: „Im Allgemeinen sind die Verschiedenheiten [von k] zwischen den einzelnen Orten überraschend klein und gesetzmässig vertheilt, wodurch die Unsicherheit über die Grösse des Factors, resp. über die Wahl einer Normalstation für die Reduction einer Beobachtungsreihe in erfreulicher Weise eingeschränkt ist.“ Fast ebenso günstig lautet das Resultat bezüglich c in 2) für dieselben Stationen.

Schreiber geht aus von dem Mittel $\frac{1}{3}(8^a + 2^p + 8^p)$ und corrigirt dieses durch einen Werth, welcher von der Jahreszeit und der Amplitude abhängig ist. Hierzu hat die folgende Ueberlegung geführt. Es ist $\frac{1}{2}(8^a + 8^p)$ nahe das Tagesmittel und 2^p nahe das Tagesmaximum. Könnte man nun die Annahme machen, dass Maximum und Minimum vom Tagesmittel gleich weit abstehen, so würde man in $2^p - \frac{1}{2}(8^a + 8^p)$ angenähert die halbe Amplitude der täglichen Periode $\left(\frac{1}{2}\varDelta\right)$ haben. Setzt man daher

$$8^a + 8^p = 2\,m \text{ und } 2^p = m + \frac{1}{2}\varDelta,$$

so folgt

$$m = \frac{1}{3}(8^a + 2^p + 8^p) - \frac{1}{6}\varDelta.$$

Da nun aber jene Voraussetzung zu verschiedenen Zeiten des Jahres in verschiedenem Maasse berechtigt erscheint, so folgt, dass der Factor von $\varDelta$ nicht constant $\left(\frac{1}{6}\right)$, sondern mit der Zeit variabel ist, und daher empirisch mit Hülfe von Registrirungen der Temperatur bestimmt werden muss.

Es ist vielleicht nicht überflüssig, noch zu bemerken, dass alle diese Regeln im Allgemeinen nur für das Mittel einer grösseren

Anzahl von Tagen z. B. für das Monatsmittel gelten. Auf einzelne Tage angewandt, liefern sie, wie man sich leicht überzeugt, nicht selten Werthe, welche um mehrere Grade vom wahren Mittel abweichen.

Wie aus den Tagesbeobachtungen und Mitteln die monatlichen Mittelwerthe erhalten werden, bedarf keiner Erläuterung. Dagegen haben wir in Betreff der Mittel der Jahreszeiten und des Jahres noch einige Bemerkungen zu machen. Man beginnt das meteorologische Jahr mit dem December, bezeichnet in der nördlichen gemässigten Zone December, Januar und Februar als Winter, und fasst dem entsprechend die übrigen Monate zu Jahreszeiten zusammen. Das hat den Vorzug, dass die extremen Monate in die Mitte der extremen Jahreszeiten fallen. Als Mittel der Jahreszeiten und des Jahres hätte man nun streng genommen die Mittelwerthe aller Tage zu nehmen, welche den betreffenden Zeitabschnitt bilden, doch ist man übereingekommen, statt dessen die Mittelwerthe der zugehörigen Monatsmittel zu nehmen; die Unterschiede der nach der einen und der andern Methode berechneten Werthe sind zwar nicht unmerklich, allein dieser Brauch ist einmal allgemein verbreitet und liefert immerhin genügende Resultate. Ferner hätte man sich auch in längeren Reihen eigentlich an das meteorologische Jahr zu halten, also die Beobachtungsreihen mit December zu beginnen und das Jahresmittel als das Mittel aus den Monaten vom December des voraufgehenden bis November des genannten Jahres zu berechnen; analog wäre bei den Wintermitteln zu verfahren; doch hat man sich dahin geeinigt, das nicht zu thun. Bei längern Reihen geht man von Januar bis December und fasst mit dem letzten Monatsmittel, die der beiden ersten zum langjährigen Wintermittel zusammen. Bei einem einzelnen Winter darf das natürlich nicht geschehen. Dieses Verfahren ist zwar nicht immer unbedenklich, findet aber immer weitere Verbreitung, und daher habe ich mich in der nachfolgenden Temperaturtafel für Breslau demselben angeschlossen.

Wenn längere Beobachtungsreihen (mindestens 20jährige) vorliegen, so empfiehlt es sich, den jährlichen Gang der Lufttemperatur schärfer als durch Monatsmittel darzustellen. Man wählt dazu Pentaden- bezw. Decadenmittel. Bei kürzeren Reihen lohnt sich die Berechnung der Pentadenmittel nicht, weil sie alsdann noch zu unsicher ausfallen; wie überhaupt die Mittelwerthe bei gleicher Zahl von Jahren um so unsicherer werden, je kürzer der Zeitabschnitt ist, auf welchen sie sich beziehen.

Leider hat man bei uns streng darauf gehalten, dass die Pentaden alle genau dieselbe Anzahl von Tagen umfassen. Es hätte viel für sich gehabt, wäre man in dieser Hinsicht etwas nachgiebiger gewesen, und hätte man jeden Monat in 6 Pentaden getheilt, so dass in den Monaten mit 31 Tagen die letzte Pentade 6 Tage umfasste. Die strenge Pentadentheilung ist zwar ziemlich

Tab. 9. **Lufttemperatur zu Breslau, 1876—85.**

Die Zahlen sind mit Ausnahme der Colonnen 7, 8 und 10 arithmetische Mittelwerthe.

	1	2	3	4	5	6	7	8	9	10	11	12	13
	Mittlere Lufttemperatur				Monats-, Jahreszeiten- und Jahres-Extreme				Monats- etc. Amplituden		Aperiodische Tagesschwankg.	Interdiurne Veränderlichkeit [1])	Anzahl der Erwärmungen zur Anzahl der Erkaltungen
					Mittlere		Absolute						
	6 a	2 p	10 p	Mittel	Max.	Min.	Max.	Min.	Mittl.	Abs.			
J.	—3,0	—0,2	—2,0	—1,7	8,9	—13,4	12,8	—22,3	22,2	35,1	5,1	2,2	0,94
F.	—0,8	3,1	0,8	1,0	11,0	—10,2	14,0	—15,4	21,2	29,4	6,0	2,1	1,12
M.	0,2	5,1	2,2	2,5	14,8	— 7,6	20,4	—14,6	22,4	35,0	7,2	1,9	1,21
A.	4,4	11,2	7,2	7,6	21,6	— 1,6	26,1	— 4,7	23,2	30,8	8,8	2,0	1,27
M.	8,9	15,8	11,5	12,1	27,4	0,9	29,9	— 1,4	26,5	31,3	9,7	1,9	1,58
J.	13,9	19,8	16,4	16,7	29,6	7,2	35,0	5,1	22,4	29,9	10,1	1,9	1,27
J.	15,4	22,2	17,8	18,5	32,5	9,7	35,3	7,3	22,8	28,0	9,9	1,8	1,25
A.	14,3	21,2	16,7	17,7	29,7	8,6	31,9	6,9	21,2	25,0	9,5	1,7	1,23
S.	11,1	18,1	13,6	14,3	27,3	4,2	29,6	0,0	23,1	29,6	9,2	1,7	1,31
O.	6,4	11,2	7,9	8,5	20,4	— 1,8	25,4	— 4,6	22,2	30,0	7,3	1,7	0,92
N.	1,9	5,1	2,8	3,2	12,8	— 6,4	15,1	—11,9	19,1	27,0	5,6	1,8	0,95
D.	—1,1	0,9	—0,7	—0,3	9,2	—13,2	11,4	—26,1	22,4	35,5	4,8	2,4	0,99
W.	—1,6	1,2	—0,6	—0,3	9,7	—12,3	14,0	—26,1	21,9	40,1	5,3	2,2	1,02
F.	4,5	10,7	7,0	7,4	21,3	— 2,8	29,9	—14,6	24,1	44,5	8,6	1,9	1,35
S.	14,6	20,7	17,0	17,6	30,6	— 8,5	35,3	5,1	22,1	30,2	9,9	1,8	1,25
H.	6,5	11,5	8,2	8,7	20,2	— 1,0	29,6	—11,9	21,2	41,5	7,4	1,7	1,06
Jahr	8,2	16,4	11,4	12,0	20,4	— 1,9	35,3	—26,1	22,3	61,4	7,8	1,9	1,17

[1]) 1870—1879, cf. Kremser: Veränderlichkeit der Lufttemperatur in Norddeutschland, Abh. d. K. Pr. Meteorolog. Instituts I, 1, S. 25. Berlin 1888.

verbreitet, und es liegen solche Pentadenmittel schon für viele langjährige Reihen vor. Sollte es aber wirklich schon zu spät sein, hier Wandel zu schaffen? Beherzigt man den einst von Buys Ballot gemachten Vorschlag, den 31. Januar und den 1. März zum Februar zu schlagen, so enthalten nur 5, in Schaltjahren 6 Pentaden des Jahres 6 Tage. Das Jahr zerfällt alsdann in 72 Pentaden oder 36 Decaden. So gewinnt man den grossen Vortheil, von den Pentaden bezw. Decaden direct zu den Monatsmitteln übergehen zu können; der Februar ist dabei in der verlängerten Form gedacht, die sich noch aus einem weitern, sogleich zu besprechenden sehr gewichtigen Grunde empfiehlt. — Bislang hat man zur Berechnung der Pentadenmittel nur die Tagesmittel benutzt und von den Terminmitteln abgesehen.

Zur weiteren Characterisirung des jährlichen Ganges der Lufttemperatur dienen die mittleren und absoluten Extreme, welche innerhalb der einzelnen Monate beobachtet wurden, sowie die Differenzen derselben, welche die mittlere und die absolute Schwankung oder Amplitude der Temperatur liefern. Dementsprechend enthalten in unserer Tabelle der Colonnen 5 und 6 die Mittelwerthe der 10 höchsten und der 10 tiefsten Temperaturen, welche im Laufe der Jahre 1876—85 in je einem Monate an den Extremthermometern abgelesen wurden, und die Colonnen 7 und 8 die absolut höchsten und tiefsten Temperaturen in jedem Monat derselben Jahre. Für die Jahreszeiten und das Jahr sind die Zahlen in 5 und 6 Mittelwerthe aus den zugehörigen Monatswerthen, dagegen gehen 7 und 8 auf die absoluten Extreme aller Tage der betr. Jahreszeit zurück. Die Differenz von 5 und 6 giebt die Colonne 9 und die von 7 und 8 die Colonne 10.

Für Angaben über die Extreme ist die Mittheilung der Jahre, aus denen sie entnommen wurden, noch wichtiger als bei den Mitteltemperaturen der Termine und der Tage; denn mit der Länge der Reihe der Beobachtungsjahre nimmt die Schwankung im Allgemeinen erst rasch, dann langsamer zu. Für verschiedene Orte vergleichbar sind nur die Beobachtungen derselben Jahre.

Die Extreme und Schwankungen innerhalb der verschiedenen Monate sind auch bei gleicher Anzahl von Jahren nicht streng mit einander vergleichbar, weil die Monate verschiedene Länge haben. Das trifft besonders den Februar, der um 3 Tage kürzer ist als seine Nachbarmonate; ich komme also auf Buys Ballot's Vorschlag zurück, den Februar durch den letzten Januar und den 1. März zu verstärken. — Die Abhängigkeit der Temperaturschwankung von der Länge der Monate ist bislang nicht untersucht worden, dürfte aber doch mancherlei Interesse bieten. Man kann dabei so verfahren, dass man von jedem Monat nur 30 Tage in Betracht zieht, und die hieraus folgende Schwankung mit der für die üblichen Monate vergleicht. Dabei wird man den Februar in der angegebenen Weise auf 30 Tage bringen und den März mit dem 2. beginnen. Vielleicht gelingt es auf diese Weise, aus langjährigen Beobachtungen zahlreicher Stationen Mittel zur Reduction der Schwankung auf Monate von gleicher Länge zu gewinnen. — Dasselbe gilt auch für die Schwankung der andern meteorologischen Elemente (vergl. Cap. 7 S. 62).

Weit wichtiger als die Schwankung innerhalb so langer Zeitabschnitte, wie die Monate es sind, sind die, welche sich innerhalb eines Tages vollziehen; denn diese haben auf unser Wohlbefinden einen weit directeren Einfluss. Man unterscheidet dabei zwischen der periodischen und der aperiodischen Tagesschwankung der Lufttemperatur. Unter der aperiodischen Schwankung versteht man die mittlere Differenz der täglichen Extreme nach den Angaben der Maximum- und Minimumthermometer, und als periodische Tagesschwankung bezeichnet man die Differenz der Mitteltemperaturen der wärmsten und der kältesten Tagesstunde. Während man also die aperiodische Schwankung für alle Stationen, an denen sich Extremthermometer befinden, anzugeben in der Lage ist, kann man die periodische Schwankung nur für die wenigen Orte berechnen, welche mit mindestens stündlich registrirenden Thermographen ausgerüstet sind. Wo immer möglich, bestimme man beide Grössen, auf jeden Fall aber schliesse man jeden Zweifel aus, welche von beiden gemeint ist. Man erkennt nämlich leicht, dass die aperiodische Schwankung grösser ausfallen muss als die periodische, und dass man also leicht zu Fehlschlüssen verleitet werden kann, wenn man beide verwechselt.

Vom allgemein klimatologischen Standpunkte und ganz besonders vom Standpunkte der Hygiene erscheint sodann die Veränderlichkeit der Lufttemperatur von Interesse. Mit „Veränderlichkeit“ hat man in der Klimatologie sehr verschiedene Grössen bezeichnet. Dove benannte so die mittlere Abweichung der einzelnen Monats- und Jahresmittel von ihrem normalen Werth unter der Voraussetzung, dass sie ohne Rücksicht auf das Vorzeichen gebildet worden ist. Buys Ballot schlug diese Bezeichnung für den durchschnittlichen Betrag der positiven und negativen Abweichungen der einzelnen Tage von ihrer normalen Temperatur vor. Schiaparelli hat dagegen die Wahrscheinlichkeit eines Ueberganges von Erwärmung zu Erkaltung und umgekehrt ohne die Grösse der Temperaturänderung in Betracht zu ziehen, als Veränderlichkeit bezeichnet. Hann endlich wählt als Maass der Veränderlichkeit die mittlere Differenz der Temperaturen je zweier auf einander folgender Tage, und bezeichnet diesen Werth genauer als die „interdiurne Veränderlichkeit der Temperatur," wofür Wild wieder die Benennung „anomale Variation" in Vorschlag gebracht hat.

Je bunter die vorhandene Nomenclatur und je grösser die Verwirrung der Begriffe, desto mehr regt sich der Wunsch nach Einheitlichkeit. Schliessen wir uns also der Hann'schen Definition an, weil sie ohne Zweifel die meiste Aussicht auf allgemeine Annahme hat und das, was sie meint, am besten bezeichnet.

Von den ausgedehnteren Untersuchungen über die interdiurne Veränderlichkeit der Lufttemperatur nennen wir besonders die von Hann[1]), Wahlén[2]), Kremser[3]), Berthold[4]), Knipping[5]) und Scott[6]), namentlich verweisen wir auf die Kremser'sche Arbeit, welche auch einen ausführlichen Litteraturnachweis enthält.

Die interdiurne Temperaturänderung wird zunächst gebildet ohne Rücksicht auf das Vorzeichen. Es sei aber besonders empfohlen, bei der Bildung der Differenzen für je zwei einander fol-

1) Hann: Untersuchungen über die Veränderlichkeit der Tagestemperatur; Sitzungsberichte der Wiener Akademie Bd. 71, mathem. naturw. Classe II, Abth. 2, 1875.

2) Wahlén: Wahre Tagesmittel und tägliche Variation der Temperatur an 18 Stationen des Russischen Reiches; Repert. f. Met. Supplbd. III, 1886.

3) Kremser: Die Veränderlichkeit der Lufttemperatur in Norddeutschland; Abhandlungen des K. Preuss. Meteorolog. Institutes Bd. I, Nr. 1, 1888.

4) J. Berthold: Ueber die interdiurne Veränderlichkeit der Temperatur in den verschiedenen Höhenlagen des sächsischen Erzgebirges während der Periode 1876—85; Mitth. des Vereins für Erdkunde zu Leipzig 1888, S. 79.

5) Knipping: Veränderlichkeit der Tagestemperatur in Japan. Meteor. Zeitschr. Bd. 7, S. 291, 1890.

6) R. H. Scott: The variability of the temperature of the british isles 1869—1883. Proceedings of the R. Society Vol. 47, p. 303. Auszug in Meteor. Zeitschr. Bd. 7, S. 344, 1890.

gende Tage das Vorzeichen beizufügen. Man gelangt dadurch in die Lage, in bequemer Weise die Häufigkeit der Erwärmungen und der Erkaltungen zu bestimmen, deren klimatische Bedeutung einleuchtend ist. Man erwartet leicht, dass in der ersten Jahreshälfte die Zahl der Erwärmungen und in der zweiten die der Erkaltungen überwiegen sollte, das ist aber keineswegs so allgemein der Fall. Das Verhältniss der Anzahl der Temperaturzunahmen von Tag zu Tag zu der der Temperaturabnahmen (Tab. 9, Col. 13) ist mit Ort und Zeit beträchtlichen Schwankungen unterworfen, die es sehr erwünscht wäre, näher kennen zu lernen.

Kremser hat seine Untersuchungen über die interdiurne Veränderlichkeit auch auf die Beobachtungen der einzelnen Tagesstunden ausgedehnt, was sehr der Nachahmung werth ist. Denn einmal besitzt die interdiurne Temperaturänderung eine deutliche tägliche Periode, dann aber sollte man auch bestrebt sein, sich überall so eng als irgend möglich an die Beobachtungen selbst anzuschliessen. Das Tagesmittel ist schon eine abgeleitete Grösse, die für die einzelnen Tage aus nur drei täglichen Beobachtungen berechnet, wie schon oben bemerkt worden ist, vom wahren Mittel erheblich abweichen kann.

In der interdiurnen Temperaturänderung ist die normale periodische Aenderung der Temperatur im Laufe des Jahres mit enthalten. Man könnte versucht sein, diese — wie es auch geschehen ist — in der Weise zu berücksichtigen, dass man von der mittleren interdiurnen Veränderlichkeit eines Monats die durchschnittliche normale tägliche Zu- oder Abnahme der Temperatur in Abzug brächte. Das würde indessen nicht richtig sein. Denn die Temperatur nimmt ja nicht gleichmässig zu oder ab, sondern sie geht häufig vom Steigen zum Sinken und vom Sinken wieder zum Steigen über. Man hat also die normale tägliche Wärmeänderung sowohl bei der Grösse der Erwärmungen wie auch bei der Grösse der Erkaltungen in Rücksicht zu nehmen. Die absoluten Beträge beider werden dadurch in entgegengesetztem Sinne um dieselbe Grösse verändert, und es kommt für die Gesammtsumme aller Aenderungen nur die Differenz der Anzahl der Erwärmungen und der Anzahl der Erkaltungen in Betracht. Hierauf fussend, hat Kremser (l. c. S. 14) gezeigt, dass die zur Eliminirung des normalen jährlichen Temperaturganges an der interdiurnen Veränderlichkeit anzubringende Correction selbst für den extremsten Fall, der in Norddeutschland vorkommt, äusserst klein ist und unbedenklich vernachlässigt werden kann.

Die Dove'sche Veränderlichkeit nennt man jetzt besser die mittlere Temperaturabweichung oder Anomalie. Man hat sie bislang immer ohne Rücksicht auf das Vorzeichen gebildet (wie Dove) und sie dann besonders für die Fehlerrechnung verwerthet. Man hat auch geglaubt, in der mittleren Anomalie ein Maass zu haben für die durchschnittliche Abweichung der Monatsmittel vom normalen Monatswerthe, auf welche man in Zukunft sich gefasst zu machen habe. Das ist jedoch nur annäherungsweise der Fall. Es ist im dritten Capitel auf die Fechner'sche Bemerkung hingewiesen, dass bei langjährigen Reihen die Anzahl der δ_+ nicht gleich der der δ_- ist, daraus folgt, da $\Sigma\delta_+ = \Sigma\delta_-$, dass die mittlere positive Abweichung von der mittleren negativen Anomalie verschieden sein muss. Welche Grösse dieser Unterschied im Winter erreichen kann, mag man nach folgenden Zahlenreihen beurtheilen, welche die mittlere positive und die mittlere negative Abweichung der Monatsmittel nach den 95jährigen Breslauer Beobachtungen, mitgetheilt in den Ergebnissen der meteorologischen Beobachtungen i. J. 1885, K. Preussisches Meteorologisches Institut, Berlin 1887, S. 177, enthalten.

Mittlere Abweichungen der Monatstemperaturen zu Breslau, 1791—1885.

	J.	F.	M.	A.	M.	J.	J.	A.	S.	O.	N.	D.
+	2,65	2,37	1,85	1,65	1,49	1,51	1,10	1,51	1,30	1,54	1,66	2,18
—	3,36	2,75	1,96	1,69	1,66	1,49	1,22	1,10	1,33	1,51	1,76	3,15

Da diese Unterschiede in der Natur begründet sind, so dürfte es rathsam sein, in Zukunft die mittlere positive und die mittlere negative Anomalie jede für sich zu berechnen, wenn auch nicht geleugnet werden soll, dass auch schon die mittlere Anomalie (ohne Rücksicht auf das Vorzeichen gebildet) zur Erklärung klimatischer Eigenthümlichkeiten häufig nützlich und nicht selten ausreichend erscheint.

Von ganz hervorragender Bedeutung wird sie für die Prüfung der vorliegenden Beobachtungsreihen auf ihre Homogeneität und die Reduction einer kürzeren Reihe auf eine längere (vergl. Cap. 5).

Zur Vervollständigung der Angaben über die Temperaturverhältnisse eines Ortes füge man endlich noch die mittlere Anzahl der Eistage (Maximum der Temperatur $< 0^0$), der Frosttage (Minimum $< 0^0$) und der Sommertage (Maximum der Temperatur $\leqq 25^0$), oder wegen der verschiedenen Länge der Monate besser noch die Wahrscheinlichkeit hinzu, mit der solche Tage zu erwarten sind, d. i. die Anzahl der Eistage etc. dividirt durch die Gesammtzahl aller Tage.

Tab. 10. **Wahrscheinlichkeit eines Eistages, Frosttages und Sommertages zu Breslau, 1876—1885.** Promille.

	Eistage	Frosttage	Sommertage
Januar . . .	41	82	—
Februar . .	13	64	—
März . . .	11	54	—
April . . .	—	14	1
Mai	—	1	7
Juni	—	—	31
Juli	—	—	40
August . . .	—	—	27
September . .	—	—	10
October . .	—	9	0
November . .	14	41	—
December . .	28	68	—

Will man in dieser Hinsicht noch etwas weiter gehen, so berechne man noch das mittlere Datum des letzten und des ersten Frosttages, die Differenz giebt die mittlere frostfreie Zeit des Jahres. Bei genauerem Zusehen wird man finden, dass der letzte Frosttag in weiteren Grenzen schwankt als der erste Frost des Jahres, was bei der Beurtheilung der Grenzen, innerhalb welcher die frostfreie Zeit schwankt, von Wichtigkeit wird. Aus diesem Grunde sind auch die Angaben des absolut letzten und des absolut ersten Frostes bei langen Beobachtungsreihen (die Jahre selbst angeben!) von Werth.

Als für klimatische Schilderungen ganz besonders geeignet und bislang ganz ungebührlich vernachlässigt müssen Untersuchungen über die Perioden von ohne Unterbrechung auf einander folgenden Tagen gleichen Characters bezeichnet werden: über die Perioden von Tagen gleicher Temperaturanomalie (eventuell unter Berücksichtigung der Grösse der Abweichung), von Tagen ununterbrochen steigender und fallender Temperatur, der Eis-, der Frost- und der Sommertage. Da indessen die hierfür geltenden Regeln auch auf die Perioden von Tagen gleichen Characters bezüglich der andern Elemente (in erster Linie Niederschlag und Bewölkung) anzuwenden sind, so wollen wir hier nicht weiter darauf eingehen, sie vielmehr in einem besondern Capitel behandeln (s. unten Cap. 13).

Damit haben wir die Hauptpunkte erledigt, welche man bisher bei der Behandlung der Temperaturverhältnisse eines Ortes ins Auge gefasst hat. Fast alle Grössen, die uns dabei entgegentraten, sind arithmetische Mittelwerthe. Nach Cap. 2 wissen wir bereits, dass diese arithmetischen Mittelwerthe (A) nicht mit den vorherrschenden Werthen, den Scheitelwerthen (S), identisch sind, deshalb fragen wir jetzt nach den Scheitelwerthen und deren Stellung zu den bezüglichen Mittelwerthen. Dabei wollen wir uns auf die Terminbeobachtungen und das Tagesmittel beschränken, da die Behandlung der andern Grössen (die extremen Werthe und deren Eintrittszeiten, die Veränderlichkeit etc.) keine neuen Methoden erfordert, und eine eingehende Darstellung der Temperaturverhältnisse eines Ortes nicht unser Zweck sein kann.

Zur Bestimmung des Scheitelwerthes ordnen wir alle Beobachtungen, welche innerhalb der in Frage kommenden Zeit angestellt worden sind, in Gruppen von je 1° Umfang nach folgendem Schema:

.... von 1,9 bis 1,0, von 0,9 bis 0,0, von —0,1 bis —1,0, von —1,1 bis —2,0, ...

Den einzelnen Gruppen entsprechen dann die folgenden Mitteltemperaturen

.... +1,45, +0,45, —0,55, —1,55 ....

und wir werden uns von den thatsächlichen Verhältnissen jedenfalls nicht weit entfernen, wenn wir statt der wirklichen Beobachtungen annehmen, dass allen Beobachtungen derselben Gruppe dieselbe Temperatur, die Mitteltemperatur der Gruppe, zukommt. Die Abweichung von den wahren Verhältnissen wird für eine Gruppe um so geringer ausfallen, je grösser die Anzahl der in der Gruppe enthaltenen Werthe ist, also am geringsten in der Nähe der Scheitelwerthe. — Der Verlauf der Zahlen, welche die Häufigkeit der Beobachtung der auf einander folgenden Gruppen angiebt, wird nur bei längeren Reihen und limitirtem Klima hinreichend gleichmässig erscheinen, in der Regel wird man sich genöthigt sehen, den Gang nach einer der oben (S. 43) mitgetheilten Formeln auszugleichen. Ich habe dazu Formel 3) benutzt und dann die Häufigkeit (oder Wahrscheinlichkeit) einer Beobachtung jeder Gruppe in Promillen aller Beobachtungen berechnet. Auf diese Weise ergiebt sich für jeden Termin (bezw. das Tagesmittel) eine Tabelle wie die nachfolgende, welche sich auf Breslau 6^h a. m., 1876—85, bezieht.

Tab. 11. **Wahrscheinlichkeit der einzelnen Temperaturgruppen zu Breslau.**

6^h a. m. — **1876—85.** — Promille.

Gruppen	J.	F.	M.	A.	M.	J.	J.	A.	S.	O.	N.	D.
Von 22,9 bis 22,0	—	—	—	—	—	3	6	—	—	—	—	—
= 21,9 = 21,0	—	—	—	—	—	10	19	6	—	—	—	—
= 20,9 = 20,0	—	—	—	—	—	20	32	13	—	—	—	—
= 19,9 = 19,0	—	—	—	—	—	33	52	26	—	—	—	—
= 18,9 = 18,0	—	—	—	—	—	43	81	48	10	—	—	—
= 17,9 = 17,0	—	—	—	—	6	67	106	87	20	—	—	—
= 16,9 = 16,0	—	—	—	—	6	100	116	106	33	3	—	—
= 15,9 = 15,0	—	—	—	—	19	113	120	116	60	6	—	—
= 14,9 = 14,0	—	—	—	—	39	107	126	123	80	13	—	—
= 13,9 = 13,0	—	—	—	3	52	113	123	123	90	16	—	—
= 12,9 = 12,0	—	—	—	27	65	117	103	123	110	26	3	—
= 11,9 = 11,0	—	—	—	33	68	93	68	106	130	42	7	—
= 10,9 = 10,0	—	—	6	47	77	63	32	71	123	61	13	—
= 9,9 = 9,0	—	—	13	50	84	47	6	39	97	81	20	6
= 8,9 = 8,0	6	—	13	50	87	37	—	13	80	97	27	13
= 7,9 = 7,0	10	7	19	60	87	20	—	3	60	110	33	19
= 6,9 = 6,0	13	18	36	67	77	7	—	—	37	113	47	26
= 5,9 = 5,0	13	35	52	73	74	3	—	—	20	97	63	32
= 4,9 = 4,0	23	63	61	90	74	—	—	—	13	81	83	36
= 3,9 = 3,0	35	78	74	97	55	—	—	—	10	64	97	58
= 2,9 = 2,0	58	88	81	100	29	—	—	—	7	55	107	87
= 1,9 = 1,0	77	95	94	97	16	—	—	—	7	45	113	103
= 0,9 = 0,0	90	88	102	80	13	—	—	—	7	35	97	110
= — 0,1 = — 1,0	102	85	94	60	6	—	—	—	—	26	73	103
= — 1,1 = — 2,0	87	85	71	40	—	—	—	—	—	13	53	81
= — 2,1 = — 3,0	58	74	68	20	—	—	—	—	—	6	43	65
= — 3,1 = — 4,0	52	60	65	7	—	—	—	—	—	6	37	48
= — 4,1 = — 5,0	52	42	42	3	—	—	—	—	—	—	30	29
= — 5,1 = — 6,0	58	42	29	—	—	—	—	—	—	—	20	26
= — 6,1 = — 7,0	55	49	16	—	—	—	—	—	—	—	13	19
= — 7,1 = — 8,0	39	42	16	—	—	—	—	—	—	—	7	13
= — 8,1 = — 9,0	29	21	16	—	—	—	—	—	—	—	7	13
= — 9,1 = —10,0	32	7	10	—	—	—	—	—	—	—	7	16
= —10,1 = —11,0	26	4	6	—	—	—	—	—	—	—	3	23
= —11,1 = —12,0	19			—	—	—	—	—	—	—	—	19
= —12,1 = —13,0	16	4	4	—	—	—	—	—	—	—	—	13
= —13,1 = —14,0	16			—	—	—	—	—	—	—	—	6
= —14,1 = —15,0	10		—	—	—	—	—	—	—	—	—	10
= —15,1 = —16,0	3	—	—	—	—	—	—	—	—	—	—	6
= —16,1 = —17,0	3	—	—	—	—	—	—	—	—	—	—	6
= —17,1 = —18,0		—	—	—	—	—	—	—	—	—	—	
= —18,1 = —19,0		—	—	—	—	—	—	—	—	—	—	
= —19,1 = —20,0	3	—	—	—	—	—	—	—	—	—	—	
= —20,1 = —21,0		—	—	—	—	—	—	—	—	—	—	
= —21,1 = —22,0		—	—	—	—	—	—	—	—	—	—	1
= —22,1 = —23,0	—	—	—	—	—	—	—	—	—	—	—	
= —23,1 = —24,0	—	—	—	—	—	—	—	—	—	—	—	
= —24,1 = —25,0	—	—	—	—	—	—	—	—	—	—	—	
= —25,1 = —26,0	—	—	—	—	—	—	—	—	—	—	—	

Die Zahlenreihen dieser Tabelle wurden für jeden Monat durch eine stetig verlaufende Curve (vergl. Cap. 2 S. 16) verbunden und daraus die Scheitelwerthe entnommen. Dabei hat sich der Maassstab: Abscisse 1^0 C. = 1 cm und Ordinate 2 ‰ = 1 cm, als ganz geeignet erwiesen.

Es würde keinen Zweck haben, diese Curven[1]) hier zu reproduciren, oder auf ihre Discussion näher einzutreten. Für das Studium des Temperaturganges sind sie aber, auch abgesehen von ihrer Nothwendigkeit zur Bestimmung des S, sehr empfehlenswerth. Man wird finden, dass sie im Wesentlichen zwei Typen zustreben: rascher Anstieg zum Scheitel und langsamer Abfall (Sommertypus) und umgekehrt langsamer Anstieg und rascher Abfall (Wintertypus). Die Uebergangszeiten bringen auch Uebergangsformen, welche die Curven dem symmetrischen Verlauf bisweilen nahe bringen. Je excessiver das Klima, desto flacher und ausgezackter erscheinen durchweg die Wahrscheinlichkeitscurven.

Die Gestalt dieser Curven wird durch die Bewölkungsverhältnisse bedingt, das habe ich (l. c.) bereits in meiner ersten Mittheilung vermuthet, und auch Sprung[2]) hat dieselbe Erklärung gegeben. War diese naheliegende Vermuthung richtig, musste der Verlauf der Curven in unsern Gegenden dadurch erklärt werden, dass bei uns wolkenfreier Himmel, also ungehinderte Strahlung so selten ist, so musste die Prüfung der Curven für Gegenden mit durchschnittlich sehr geringer Bewölkung einen entgegengesetzten Verlauf derselben geben, es mussten die der freien Strahlung entsprechenden Abweichungen der Temperatur vom Mittel häufiger und daher kleiner sein als die entgegengesetzten, es musste der Scheitelwerth auf die Seite vom arithmetischen Mittel fallen, welche der überwiegenden Strahlüng entspricht, und es musste endlich der Abfall der Häufigkeitscurve vom Scheitelwerth steiler nach der Seite der freien als nach der Seite der behinderten Strahlung sein. Köppen hat (l. c.) alle diese Folgerungen bestätigt und damit jene Erklärung des Curvenverlaufs als durchaus richtig erwiesen. Es muss übrigens hinzugefügt

---

[1]) Man findet solche bei H. Meyer, Meteor. Zeitschr. 4, S. 438, 1887, bei Köppen, ebd. 5, S. 231 und 234, 1888, und bei R. H. Scott, Proc. of the R. Society Vol. 47, p. 303, 1890.

[2]) Sprung: Ueber die Häufigkeit beobachteter Lufttemperaturen in ihrer Beziehung zum Mittelwerth derselben. Meteor. Zeitschr. 5, S. 141, 1888.

werden, dass bereits Dove[1]) für die extremen Monatsmittel dasselbe Verhalten constatirt hat, was hier für die extremen Terminbeobachtungen festgestellt wurde, und dass auch er die Bewölkungsverhältnisse hierfür verantwortlich gemacht hat.

Die auf dem bezeichneten graphischen Wege für Breslau erhaltenen Resultate für den Scheitelwerth finden sich in folgender Tabelle.

Tab. 12. **Scheitelwerthe der Lufttemperatur zu Breslau.**

	1876—1885			1866—1875		
	6^a	2^p	10^p	6^a	2^p	10^p
Jan.	—0,6	0,3	—1,0	1,9	3,2	0,7
Febr.	1,5	1,4	0,3	0,3	4,4	1,0
März	0,4	2,7	0,6	1,0	2,0	0,9
April	2,2	10,2	5,4	5,6	12,8	7,0
Mai	8,0	15,5	11,3	7,1	15,0[1])	12,9
Juni	12,2	23,3	18,8	13,2	18,8	15.7
Juli	14,1	18,7	15,7	15,6	23,7	20,3
Aug.	13,2	19,8	15,1	13,8	19,5	17,0
Sept.	11,2	17,0	13,0	11,7	17,5	16,5
Oct.	6,5	8,2	9,0	6,4	12 9	7,1
Nov.	1,3	6,3	3,4	2,6	4,3	2,4
Dec.	0,4	1,6	—0,1	—0,7	0,7	0,6

[1]) Sec. Scheitel 20,0.

Zur Erläuterung der Bedeutung des Scheitelwerthes mögen hier noch einige Bemerkungen Platz finden.

Breslau hat im März und November 2^h p. m. dieselbe Mitteltemperatur, und doch liegen die zugehörigen Scheitelwerthe (vorherrschenden Temperaturen) in den Jahren 1876—85 um $3,6^0$ und in den Jahren 1866—75 um $2,3^0$ aus einander. Während von Abweichungen gleicher Grösse von A im März die negativen viel häufiger sind als die positiven, hat im November das Entgegengesetzte statt (vergl. Fig. 8, S. 24), so dass hier, wie fast überall, die Beharrung der Witterungsverhältnisse deutlich zum Ausdruck kommt. Auch Hamburg hat in jenen Monaten 2^h p. m. dieselbe Mitteltemperatur, aber die Gegensätze beider Monate sind hier lange nicht so schroff;

[1]) Dove: Mittlere und absolute Veränderlichkeit der Temperatur. Abhandlungen d. Berliner Akademie 1866. S. 101.

der Unterschied der Scheitelwerthe beträgt in diesen Monaten (1876 bis 1885) nur 1,6°. Zur weiteren Characterisirung der Unterschiede von Breslau und Hamburg diene Fig. 13 im Vergleich zu Fig. 8, S. 24.

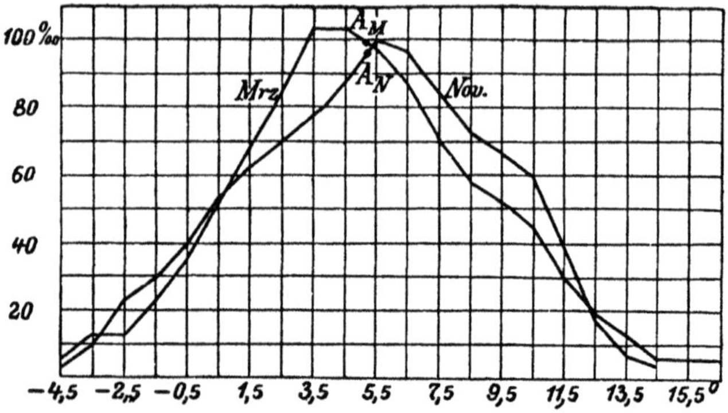

Fig. 13. Wahrscheinlichkeitscurve der Lufttemperatur zu Hamburg, 1876—85. 2ʰ p. m. — März und November.

Auf derartige Differenzen zwischen den Scheitelwerthen bei gleichen arithmetischen Mitteln durften wir wohl kaum gefasst sein, wenn wir aber weiter unten die jährliche Periode beider Werthe mit einander vergleichen, werden wir auf vielleicht noch überraschendere Resultate stossen.

Der Scheitelwerth und vielleicht auch die secundären Scheitel werden voraussichtlich viel dazu beitragen, „längstbekannte Erfahrungen" mit den Beobachtungsergebnissen in bessere Harmonie zu bringen, als sie sich z. Z. befinden. In den Jahren 1876—85 zeigte Breslau im Februar 2ᵖ einen schwachen Temperaturrückgang gegen 6ᵃ, und die Morgenbeobachtungen im März ergaben meist eine tiefere Temperatur als im Februar. Ganz ähnliches fand in Hamburg statt, waren auch die absoluten Beträge andere, so war doch der Sinn der Unterschiede derselbe. In den bezügl. arithmetischen Mittelwerthen tritt das lange nicht so deutlich hervor, es zeigt sich hier nur eine etwas langsame Zunahme der Temperatur vom Februar zum März (vergl. Tab. 9, S. 79). Um zu sehen, ob dieses nicht etwa eine Eigenthümlichkeit der betrachteten Jahre sei, habe ich für Breslau auch für das voraufgehende Decennium die Scheitelwerthe abgeleitet und in Tab. 12, S. 89 mitgetheilt. Man sieht daraus, dass jenes anomale Verhalten des Februar zwar nur den Jahren 1876—85 zukommt, dass aber der Ruf der Rauhheit, in dem der März bei uns steht, wohl begründet ist. Zwar liefern die 6ª Beobachtungen des März meist etwas höhere Temperaturen als im Februar, aber der Scheitelwerth des März bleibt noch unter dem des Januar; zudem sind die Scheitelwerthe 2ᵖ und 10ᵖ im März tiefer gelegen als im Februar. Man hat hiernach den März zu den kältesten Monaten des Jahres zu rechnen. Durch eine eingehende Discussion der Bewölkungsverhältnisse, wie sie unten we-

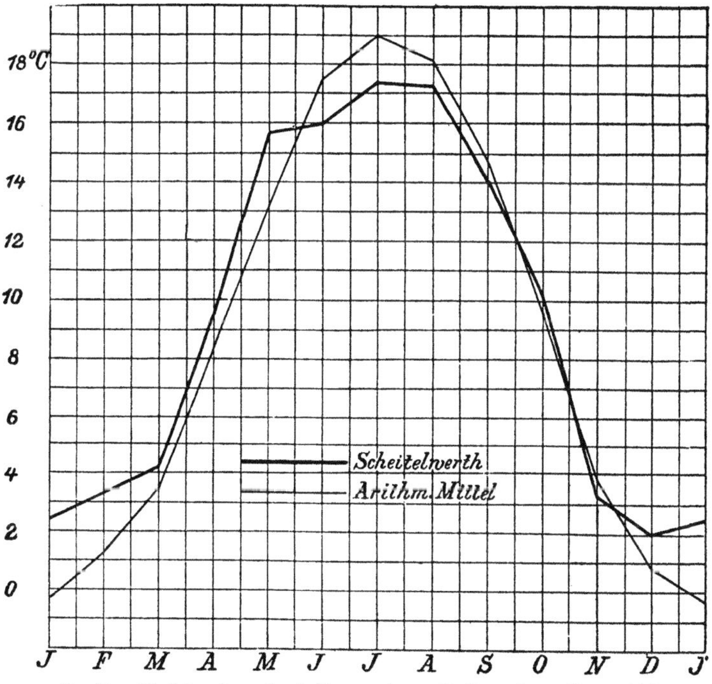

Fig. 14. Jährlicher Gang der Lufttemperatur zu Berlin nach den Tagesmitteln.

nigstens angedeutet ist, dürften diese auffallenden Erscheinungen eine befriedigende Erklärung finden.

Wir haben bislang nur wenige Anhaltspunkte zur Beurtheilung der Stellung des S zum A [1]), doch können wir schon jetzt sagen, dass die tägliche und die jährliche Periode für beide Werthe nicht ganz übereinstimmen werden, dass sie vielmehr für den Scheitelwerth flacher verlaufen werden als für das A. Für die tägliche Periode

[1]) Köppen, Meteor. Zeitschr. 5, S. 230, 1888.

vermag ich dieses z. Z. nicht zu belegen, für die Jahrescurve aber gebe ich in Fig. 14 a. v. S. den Gang beider Werthe für Berlin nach den Tagesmitteln. Etwas weniger stark treten die Unterschiede beider Werthe für Hamburg, dagegen merklich schroffer für Petersburg auf (vergl. Tab. 13, S. 93), hier liegt das arithmetische Mittel im December um 7,2^0 unter und im Juli und September um 1,0^0 über dem Scheitelwerth der Tagesmittel. In Breslau erscheint das S des Juli auffallend gross und daher liegt hier die Scheitelwerthcurve dichter bei der Mittelwerthcurve. Im Grossen und Ganzen können wir aber sagen, in Nordeuropa und klimatisch ähnlichen Gegenden erscheint die Jahrescurve des S merklich flacher als die des A, da die S-Curve gegen die A-Curve im Sommer herabsinkt und im Winter in die Höhe steigt, und zwar letzteres in höherem Maasse als ersteres.

Um die Vertheilung der Lufttemperatur über die ausgedehnten Gebiete übersehen zu können, hat man sich der Isothermen bedient, indem man alle diejenigen Orte, welche in demselben Niveau dieselbe mittlere Temperatur besitzen, durch Curven verbunden hat. Offenbar werden wir ein der Natur besser entsprechendes Bild bekommen, wenn wir die Isothermen als Curven gleichen Scheitelwerthes definiren. Nach dem Voraufgehenden haben wir zwischen beiden Curvensystemen, dem der S-Isothermen und dem der A-Isothermen, ganz merkliche Unterschiede zu erwarten. Es muss daher als eine zwar mühevolle, aber gewiss sehr lohnende Arbeit erscheinen, für ein nicht allzu beschränktes Gebiet die S- und die A-Isothermen auf Grund desselben Beobachtungsmaterials zu ziehen. An den Küsten und im Sommer wird die Uebereinstimmung eine noch ganz leidliche sein, je mehr wir uns aber dem Binnenlande und dem Winter nähern, umsomehr werden die Abweichungen zunehmen.

Der Scheitelwerth (wie auch das arithmetische Mittel) ist nicht an allen Orten mit derselben Wahrscheinlichkeit zu erwarten. Je öfter aber an einem Orte S beobachtet wird, um so weniger Raum bleibt für andere Temperaturen. Man würde daher eine willkommene Ergänzung der Isothermen in den Curven zu sehen haben, welche alle Orte verbinden, an denen der Scheitelwerth, abgesehen von seiner Grösse, mit gleicher Wahrscheinlichkeit zu erwarten ist. Diese Curven würden bis zu einem gewissen Grade die Stabilität der Temperaturverhältnisse zur Anschauung bringen.

Dass dem Scheitelwerth in der Klimalehre eine ganz hervorragende Bedeutung zukommt, wird man nicht leugnen können. Die Bestimmung desselben ist aber auf dem angegebenen Wege eine recht weitläuftige und namentlich dann auch ermüdende, wenn es sich um eine grössere Anzahl von Stationen handelt. Man hat daher die Frage zu erwägen, ob man sich in diesem Falle keine Erleichterung verschaffen kann.

Die Anwendung des Erfahrungssatzes, dass Witterungsänderungen nur selten local auftreten, sondern sich meist über weite Gebiete hin in demselben Sinne geltend machen, hat sich in der Meteorologie so ausserordentlich fruchtbar erwiesen, dass es gerathen erscheint, sie auch hier zu versuchen, und sich zu fragen, ob nicht vielleicht die Differenz S — A räumlich nur langsamen Aenderungen unterliegt. Die Differenz S — A ist der Betrag, welcher zum arithmetischen Mittel hinzuzufügen ist, um aus ihm den Scheitelwerth zu erhalten. Sollte es sich ergeben, dass jene Frage zu bejahen ist, so hätte man S — A nur für eine Anzahl von Normalstationen zu bestimmen und könnte dann für Zwischen-

Tab. 13. **Differenzen zwischen Scheitelwerth und arithmetischem Mittel: S — A.**

	Für die Beobachtungen zur Zeit der Termine									Für die Tagesmittel		
	Breslau						Hamburg			Breslau	Berlin	Petersburg
	1866—1875			1876—1885			1876—1885			10 J. 1866—75	38 J. 1846—85	118 J.
	6 a	2 p	10 p	6 a	2 p	10 p	8 a	2 p	8 p			
Januar	4,1	2,6	2,1	2,4	0,5	1,0	1,4	0,3	0,9	1,5	2,7	2,2
Febr.	2,6	3,2	2,1	2,3	—1,7	—0,5	0,6	—2,1	—1,4	2,0	2,1	5,0
März	1,2	—3,0	—1,0	0,2	—2,4	—1,6	—0,9	—1,2	—1,9	0,4	0,7	5,2
April	0,4	1,0	0,2	—2,2	—1,0	—1,8	—1,6	1,1	—0,3	—0,2	1,2	0,6
Mai	—2,4	—1,5	0,9	—0,9	—0,3	—0,2	— 0,8	0,0	—1,3	—1,5	2,6	—0,9
Juni	—1,9	—2,1	—0,5	—1,7	3,5	2,4	—0,1	0,0	—1,7	—1,3	—1,5	—0,6
Juli	—0,2	0,9	0,0	—1,3	—3,5	—2,1	—1,4	—3,0	—1,9	1,3	—1,6	—1,0
August	—0,8	—2,4	—1,3	—1,1	—1,4	—1,6	1,0	—0,9	—2,3	—0,9	—0,8	—0,4
Septbr.	0,4	—1,5	1,0	0,1	—1,1	—0,6	0,0	—2,0	—0,7	1,9	—0,5	—1,0
Octbr.	0,5	0,8	—1,0	0,1	—3,0	1,1	0,9	0,4	—0,5	—1,5	0,6	0,9
Novbr.	0,6	—0,7	—1,7	—0,6	1,2	0,6	—1,6	0,5	—0,3	—0,8	—0,5	2,3
Decbr.	1.3	0,5	2,1	1,5	2,7	0,6	1,2	—0,8	1,1	1,7	1,2	7,2

stationen diese Differenzen in ähnlicher Weise interpoliren, wie man bei der Berechnung der Correctionsgrössen verfährt, welche an den rohen Tagesmitteln der Zwischenstationen anzubringen sind, um aus ihnen die wahren Tagesmittel zu erhalten. Um zur Klärung dieser Verhältnisse einen, wenn auch nur kleinen Beitrag zu liefern, habe ich die Differenzen S — A für einige Orte berechnet und in Tab. 13 a. v. S. zusammengestellt. Die zur Ableitung von S erforderliche Gruppirung der beobachteten Temperaturen ist für Breslau und Hamburg von mir vorgenommen, für Berlin konnte ich sie einer Zusammenstellung von Perlewitz in der bereits angeführten Arbeit von Köppen und für Petersburg einer Abhandlung von Buys Ballot[1]) entnehmen.

Reicht auch diese Uebersicht zu einer definitiven Entscheidung lange nicht aus, so wird man doch zugeben, dass sie jedenfalls nicht gegen die Möglichkeit einer Reduction der genannten Art spricht. Im Allgemeinen nimmt die Differenz S — A vom Binnenland nach der Küste und vom Winter zum Sommer hin ab. Freilich sind die in Frage kommenden Grössen etwas zu beträchtlich, um als „Correctionsgrössen“ behandelt zu werden, auch stimmen die Differenzen bei den beiden Decennien 1866—75 und 1876—85 in Breslau nur wenig überein. Aber, wie gesagt, zur endgültigen Entscheidung ist das hier verarbeitete Material nicht ausreichend.

Wie diese Entscheidung auch ausfallen mag, so möchten wir doch dringend empfehlen, sich bei der Ableitung des S möglichst an die Beobachtungen zu halten, also S vor allem für die einzelnen Termine zu berechnen und lieber das Tagesmittel bei Seite zu lassen. Der Hauptzweck der Einführung des Scheitelwerthes ist eine grössere Annäherung an die in der Natur vorherrschenden Verhältnisse, und das aus drei Terminbeobachtungen abgeleitete Tagesmittel scheint hierzu wenig geeignet (vergl. S. 78 u. 83).

Demnach würden wir für jeden Ort drei Tabellen von der Form der Tab. 11, S. 87 erhalten. Es ist nicht zu leugnen, dass dieselben bei einer Publication viel Platz in Anspruch nehmen und ohne graphische Erläuterung überdies ziemlich unübersichtlich erscheinen. Allein ihre Mittheilung bleibt dennoch sehr wünschenswerth; denn nur sie gestatten eine Controlle für die Ableitung des S und einen Anschluss mehrerer Beobachtungsreihen desselben

[1]) Buys Ballot, Quarterly Journal of the R. Meteorological Society Vol. XI, p. 106, 1885.

Ortes an einander; nur durch sie lernen wir den Verlauf der Häufigkeitscurve kennen, was nach dem Voraufgehenden sehr erwünscht sein muss, und endlich antworten sie mit grosser Ausführlichkeit auf manche Fragen, für welche die sonst üblichen Tabellen stumm bleiben und weiterer Ergänzungen bedürfen. Man kann aus diesen Tabellen mit hinreichender Genauigkeit die extremen Werthe erkennen und erhält die Wahrscheinlichkeit einer Beobachtung jeder einzelnen Temperaturgruppe, mithin auch die Wahrscheinlichkeit der Abweichungen von gegebener Grösse, von A, und auch von S, nach der Seite der zu hohen und auch der zu tiefen Temperaturen.

Die mittlere Abweichung der Einzelwerthe bleibt hierfür selbst dann nur ein sehr mangelhafter Ersatz, wenn man sie für die Δ_+ und die Δ_- gesondert berechnet. In der That hat man in neuerer Zeit auch schon für manche Orte die Wahrscheinlichkeit der Temperaturabweichungen von vorgeschriebener Grösse in besonderen Tabellen zusammengestellt und so die Einführung der Tabellen von der Form 11 bis zu einem gewissen Grade vorbereitet.

Vermuthlich durch ähnliche Ueberlegungen veranlasst, hat H. Hoppe[1]) bei seiner sehr eingehenden Discussion der meteorologischen Beobachtungen im Königreich Sachsen „die Anzahl der Tage mit Temperaturen auf oder über den 1888 als Tagesmittel berechneten Gradwerthen“ für 11 Stationen bestimmt. Würde man diese Methode auf die einzelnen Monate und die einzelnen Termine ausdehnen, so würde man Tabellen von demselben Umfang wie Tab. 11 erhalten, diese würden aber den unserigen an Uebersichtlichkeit und leichter Verwendbarkeit erheblich nachstehen.

Schliesslich muss noch kurz der Reduction der Temperaturbeobachtungen auf ein beliebiges Niveau gedacht werden, welche dann nothwendig wird, wenn die klimatischen Verhältnisse ausgedehnter Gebiete studirt und Isothermen gezeichnet werden sollen. Als gemeinsames Niveau wählt man dabei fast immer das Meeresniveau.

Während für den Meteorologen die Temperaturabnahme mit der Höhe in der freien Atmosphäre, wie sie durch Ballonfahrten ermittelt wird, das höhere Interesse hat, so kommt es dem Klimatologen

---

[1]) H. Hoppe: Bericht über den Verlauf der Witterung etc. im Königreich Sachsen 1888. Deutsches meteorologisches Jahrbuch für 1888, Beobachtungs-System des Königreichs Sachsen, III. Abth., S. 63, Chemnitz 1889.

in erster Linie auf die Temperaturabnahme mit der Höhe in Gebirgsländern an. Das reiche Material, das für die Bestimmung in Gebirgen vorliegt, ist verschiedentlich und für die verschiedensten Gegenden bearbeitet worden. Dabei hat sich überall bei normalen Verhältnissen die Annahme bewährt, dass die Temperatur proportional mit der Höhe abnimmt. Der Proportionalitätsfactor aber ist für verschiedene Gegenden sehr verschieden, und man wird gut thun, ihn überall an dem zu bearbeitenden Material von neuem zu bestimmen, oder die bekannten Werthe zu prüfen. Wenn ich in der folgenden Tabelle die Temperaturabnahme mit der Höhe für einige Gebirge nach den besten Quellen zusammenstelle, so geschieht das mehr, um die Veränderlichkeit dieser Grösse mit der Lage der Gebirge zu illustriren, als um Normalwerthe zu geben.

Tab. 14. **Abnahme der Lufttemperatur pro 100 m Erhebung.**

	Januar	Februar	März	April	Mai	Juni	Juli	August	September	October	November	December	Jahr
Nördl. Schweiz[1]	0,28	0,48	0,61	0,66	0,67	0,61	0,64	0,57	0,53	0,47	0,40	0,26	0,52
Südl. Schweiz[1]	0,45	0,53	0,62	0,64	0,66	0,67	0,67	0 64	0,60	0,56	0,51	0,44	0,58
Nordseite der Ost-Alpen[2]	0,39	0,46	0,58	0,65	0,66	0,67	0,64	0,62	0,56	0,52	0,46	0,39	0,55
Südtirol u. Tessiner Alpen[2]	0,36	0,49	0,62	0,68	0,69	0,69	0,67	0,64	0,60	0,55	0,45	0,38	0,57
Kärnten[2] . .	0,11	0,24	0,44	0,57	0,61	0,60	0,58	0,54	0,48	0,40	0,28	0,15	0,42
Rauhe Alb[1] .	0,21	0,41	0,52	0,53	0,54	0,59	0,57	0,48	0,43	0,37	0,47	0,15	0,44
Erzgebirge[1] . .	0,37	0,47	0,63	0,69	0,70	0,66	0,68	0,68	0,61	0,51	0,55	0,56	0,59
Harz[1] . . .	0,33	0,55	0,66	0,68	0,67	0,71	0,71	0,67	0,58	0,52	0,43	0,41	0,58
N.-Kaukasus[3] .	0,45	0,53	0,62	0,64	0,66	0,67	0,67	0,67	0,60	0,56	0,51	0,44	0,58
S.-Kaukasus[3] .	0,34	0,36	0,37	0,54	0,54	0,56	0,54	0,54	0,47	0,44	0,22	0,30	0,43

Die Erklärung dieser Verschiedenheiten gehört nicht hierher, ich verweise in dieser Beziehung auf Woeikof (Klimate der Erde I, Cap. 11, Jena 1887) und auf Sprung (Lehrbuch der Meteorologie

[1]) Hann: Die Wärmeabnahme mit der Höhe an der Erdoberfläche und ihre jährliche Periode. Sitzungsberichte der Wiener Akademie, mathem. naturw. Classe Bd. 61, Abth. II, S. 65, 1870.

[2]) Hann: Die Temperaturverhältnisse der österreichischen Alpenländer III, ibid. Bd. 92, Abth. II, S. 69, 1885.

[3]) Woeikof: Die Klimate der Erde I, Cap. 11, S. 228, Jena 1887.

§ 26, Hamburg 1885), welch letzterer die Verhältnisse mehr vom Standpunkte des Meteorologen behandelt; hier kommt es nur auf die bei derartigen Untersuchungen anzuwendenden Methoden an. Deren giebt es zwei.

Der nächstliegende Weg ist der der Vergleichung je zweier Stationen, einer hoch und einer tiefer gelegenen. Man bildet die Differenz der synchronen Mitteltemperaturen beider Orte und dividirt dieselbe durch die Höhe, gemessen in Hectometern. Diese Methode ist u. A. von Hirsch[1]) und Wild[2]) angewandt. Dabei ist zu bedenken, dass in das Endresultat die localen Eigenthümlichkeiten jedes Stationspaares mit eingehen. Deshalb muss man vorsichtig sein, wenn man an dasselbe allgemeinere Schlüsse knüpfen will.

Weit weniger kommen die localen Verhältnisse bei der folgenden Methode in Betracht, welche wir Hann[3]) verdanken, und deren Anwendung sich ganz besonders empfiehlt, wenn es das vorhandene Material nur irgend gestattet. Wir suchen in möglichst gleicher geographischer Lage mehrere Stationen von angenähert gleicher Höhe und stellen für jede Station eine Gleichung von der Form

$$t = t_0 + \alpha h$$

auf, in welcher t die Mitteltemperatur und h die Höhe in Hectometern bezeichnet. t_0 und α sind Constante, nämlich t_0 die Temperatur im Meeresniveau und α die Abnahme der Temperatur für je 100 m Erhebung. Zur Bestimmung dieser Constanten haben wir dann soviel Gleichungen wie Stationen (n) und bestimmen sie daher am besten nach der Methode der kleinsten Quadrate, also aus

$$t_0 = \frac{\Sigma h \,.\, \Sigma t h - \Sigma t \,.\, \Sigma h^2}{(\Sigma h)^2 - n \Sigma h^2}, \quad \alpha = \frac{\Sigma h \,.\, \Sigma t - n \Sigma h t}{(\Sigma h)^2 - n \Sigma h^2}.$$

Bei dieser Art der Berechnung sind die localen Verhältnisse der einzelnen Orte von möglichst geringem Einfluss.

Es ist klar, dass diese Methoden von den arithmetischen Mittelwerthen direct auf die Scheitelwerthe übertragen werden können, so-

---

[1]) Hirsch: Die Temperaturabnahme mit der Höhe in der Schweiz, Schweiz. Meteorol. Beobachtgg Bd. 6, 1869.

[2]) Wild: Die Temperaturverhältnisse des russischen Reiches. Repert. f. Met. Supplementbd. I, Petersburg 1881.

[3]) Hann: Die Temperaturverhältnisse der österreichisch. Alpenländer III, Sitzungsber. d. Wiener Akademie, mathem. naturw. Classe Bd. 92, II. Abth., 1885.

bald auch für diese die allerdings nicht unwahrscheinliche Zulässigkeit der Annahme einer der Höhe proportionalen Abnahme erwiesen worden ist.

Uebrigens ist eine Reduction auf dasselbe Niveau nicht immer nothwendig. Bisweilen empfiehlt es sich, bei den beobachteten Werthen selbst stehen zu bleiben, bezw. auf dieselben zurückzugehen. Ob das Eine oder das Andere vorzuziehen ist, hängt ganz von dem in Rede stehenden Probleme ab und kann hier ebenso wenig allgemein entschieden werden, wie es möglich ist, hier alle die Fragen aufzuwerfen, deren Beantwortung für die Vertheilung der Wärme über die Erde oder doch ausgedehnte Gebiete derselben von Interesse ist.

Um aber doch wenigstens ein Beispiel anzuführen, verweise ich auf Supan's höchst interessante Untersuchung „Die mittlere Dauer der Hauptwärmeperioden in Europa.“[1]) Hier wird die Frage behandelt, wie lange die Temperatur der Luft gewisse Schwellenwerthe über- oder unterschreitet, und die Ergebnisse werden kartographisch dargestellt. Es ist klar, dass hier die an der wirklichen Erdoberfläche sich abspielenden Erscheinungen es sind, denen das Hauptinteresse zukommt, und dass eine Reduction auf das Meeresniveau hier zu unterbleiben hat. — Aehnlich sollte man bei der Vergleichung phänologischer Karten mit Isothermkarten von letzteren nur solche in Betracht ziehen, welche nach nicht-reducirten Werthen entworfen sind.[2])

9. Die Luftfeuchtigkeit.

Die Publicationen nach internationalem Schema enthalten über die Luftfeuchtigkeit zweierlei Angaben: die „absolute Feuchtigkeit“ oder den Dampfdruck, d. i. die Spannkraft des in der Luft im Momente der Beobachtung enthaltenen Wasserdampfes in Millimetern Quecksilberdruck, und die „relative Feuchtigkeit“, d. i. das Verhältniss der thatsächlich vorhandenen Spannkraft zur maximalen

[1]) Supan: Petermann's Mittheilungen Bd. 33, S. 165, 1887.

[2]) Vergl. Köppen: Die Wärmezonen der Erde, nach der Dauer der heissen, gemässigten und kalten Zeit und nach der Wirkung der Wärme auf die organische Welt betrachtet. Meteor. Zeitschr. Bd. 1, S. 215, 1884.

Tension bei der herrschenden Temperatur.[1]) Wie bekannt, werden diese Werthe mit Hülfe des Psychrometers erhalten. Leider sind dieselben, insbesondere für die Wintermonate, nicht so genau und zuverlässig, als man wünschen müsste. Es hat das darin seinen Grund, dass die Einstellung des befeuchteten Thermometers eine von den Witterungsumständen abhängige, bisweilen recht lange Zeit erfordert, welche von den Beobachtern nicht immer abgewartet wird.[2])

Obwohl die absolute Feuchtigkeit klimatisch nur ein geringes Interesse hat, soll doch auch sie in die Tabellen mit aufgenommen werden, und neben der relativen Feuchtigkeit für die drei Beobachtungstermine mitgetheilt werden. Es werden die Mittel für alle drei Termine gefordert, theils um einen Einblick in die tägliche Periode jener Elemente zu erhalten, theils auch um eine andere Combination der Terminsbeobachtungen zum Tagesmittel zu ermöglichen wie die bislang übliche der einfachen Mittelbildung. Nach den bisherigen Erfahrungen liegt allerdings kein Grund vor, von diesem Wege abzugehen, allein Beobachtungsreihen, welche die tägliche Periode genauer zu bestimmen und „wahre Tagesmittel" zu berechnen gestatten, sind noch immer recht selten. Von den Untersuchungen, welche die an den rohen Tagesmitteln anzubringenden Correctionen enthalten oder zu berechnen gestatten, mögen hier einige angeführt werden:

---

[1]) In der Physik definirt man als absolute Feuchtigkeit das Gewicht des in 1 Kubikmeter Luft enthaltenen Wasserdampfes in Grammen. Zufällig stimmen die Zahlen, welche diese Grösse messen, sehr nahe mit der Zahl der Millimeter Quecksilberdruck der zugehörigen Tension überein. Als relative Feuchtigkeit hat man alsdann entsprechend das Verhältniss der vorhandenen Dampfmenge zu derjenigen Menge zu bezeichnen, welche die Luft bei der herrschenden Temperatur überhaupt aufzunehmen im Stande ist. Nennt man diese relative Feuchtigkait F und die oben definirte (Verhältniss der Spannkräfte) f, so ist

$$F = f \frac{1 + 0{,}00367\ t}{1 + 0{,}00367\ \tau},$$

wo t die Lufttemperatur und τ die Thaupunktstemperatur ist. Diese Zahlen weichen also auch nur wenig von einander ab. Vgl. Klinkerfues: Theorie des Bifilar-Hygrometers, Göttingen 1875.

[2]) Einen sehr empfehlenswerthen Vorschlag zur Erleichterung der Psychrometerbeobachtungen hat Assmann in „Erläuternde Besprechungen der neuen Instruction für die Beobachter an den meteorologischen Stationen II., III. und IV. Ordnung des K. Preuss. Meteorologischen Instituts" gemacht: „Das Wetter" VII S. 80, Braunschweig 1890.

Jelinek: Ueber den täglichen Gang der vorzüglichsten meteorologischen Elemente auf der Sternwarte Prag; Wiener Denkschriften, mathem. naturw. Classe II, 2, 1851; Quetelet: Météorologie de la Belgique, Bruxelles 1867; E. E. Schmid: Lehrbuch der Meteorologie p. 617 ff., Halle 1866; Wild: Ueber den täglichen und jährlichen Gang der Feuchtigkeit in Russland, Repert. f. Met. Bd. IV, Nr. 7, 1875; Plantamour: Nouvelles Études sur le Climat de Genève, 1876; H. Meyer: Ueber den jährlichen Gang der Luftfeuchtigkeit in Norddeutschland, Meteor. Zeitschr. 2, S. 153, 1885; Köppen: Ueber die Ableitung wahrer Tagesmittel aus den Beobachtungsstunden 8^h a. m., 2^h p. m. und 8^h p. m.; Annalen der Hydrographie 16, S. 341, 1888.

In klimatischer Hinsicht hat die Luftfeuchtigkeit besonders deshalb Bedeutung, weil sie in erster Linie die Grösse der Verdunstung, die Evaporationskraft des Klimas, bestimmt. Dass die absolute Feuchtigkeit als Maass der austrocknenden Wirkung der Luft wenig geeignet ist, darüber ist man schon lange einig. So sagt Dove[1]): „Während für das Verständniss der Aenderungen des Barometers die Kenntniss der wirklichen Spannkraft der Dämpfe das Wesentliche, fragt der Techniker und Arzt nach der relativen Feuchtigkeit; denn wo es auf Trocknen von Substanzen, Abscheiden aufgelöster Salze aus Flüssigkeiten, ebenso wo es sich um den Athmungsprocess handelt, ist die relative Feuchtigkeit Hauptmoment.“ Wenn auch heute kein Meteorologe und kaum ein Hygieniker diesen Satz unterschreiben wird, so bleibt doch richtig, dass die absolute Feuchtigkeit zur Beurtheilung der klimatischen Verhältnisse eines Ortes nicht geeignet ist.

Man hat sich daher bis in die neueste Zeit an die relative Feuchtigkeit gehalten. Freilich ist sie allein auch nicht für die Evaporationskraft maassgebend, man hat dabei immer noch Rücksicht auf die Temperatur zu nehmen. Das ist nun zwar schon oft betont, doch ist nirgends gesagt, wie das geschehen kann; und wenn selbst Dove (l. c.) aus seinen Tabellen das Resultat ziehen konnte: „nicht der Juli ist der trockenste Monat, sondern von Ostpreussen bis Trier ist es der Mai,“ so wird man sich nicht wundern, wenn auch andere durch die relative Feuchtigkeit zu ähnlichen Fehlschlüssen verleitet werden.

---

1) Dove: Die Witterungserscheinungen des nördlichen Deutschland in den Jahren 1858—63; Preussische Statistik VI, 1864.

Daher erscheint die Einführung einer dritten Grösse, nämlich des Sättigungsdeficits, in die klimatischen Tabellen dringend wünschenswerth. Unter dem Sättigungsdeficit versteht man diejenige Dampfmenge, welche an der Sättigung der Luft unter den gegebenen Umständen noch fehlt, und misst sie ebenfalls in Quecksilberdruck. Einer brieflichen Mittheilung von Buys Ballot entnehme ich, dass die Einführung des Sättigungsdeficits schon früher von ihm (Suggestions on a uniform system of meteorological Observations, Utrecht 1872) leider vergeblich beantragt sei. In der übrigen meteorologischen Litteratur ist wohl zuerst von Wild [1]) auf diese Grösse hingewiesen: nachdem sie sich in der Hygiene bewährt hat, habe ich dann für sie die ersten — auf Norddeutschland bezüglichen — Tabellen gegeben und gezeigt, dass ihr Zusammenhang mit der Temperatur ein leichter zu übersehender ist als der der relativen Feuchtigkeit.[2])

Kürzlich hat Hann [3]) vor Ueberschätzung der Bedeutung des Sättigungsdeficits eindringlich gewarnt, doch giebt auch er zu, dass die Einführung dieser Grösse für klimatische Kurorte wünschenswerth erscheine, eine Einschränkung, deren Grund ich nicht einzusehen vermag. Es ist möglich, dass von der einen Seite das Sättigungsdeficit überschätzt wird, aber nicht weniger wahrscheinlich ist eine Ueberschätzung der relativen Feuchtigkeit von der andern Seite. Einen ganz wesentlichen Einfluss hat auf das Urtheil z. Z. jedenfalls noch die Gewöhnung. Die definitive Entscheidung ist jetzt wohl

---

[1]) Wild l. c. In die Hygiene eingeführt ist das Sättigungsdeficit durch Flügge, Lehrbuch der hygienischen Untersuchungsmethoden S. 521, Leipzig 1881; vergl. auch Deneke: Ueber die Bestimmung der Luftfeuchtigkeit zu hygienischen Zwecken. Zeitschr. f. Hygiene I, 1886.

[2]) H. Meyer: Ueber den jährlichen Gang der Luftfeuchtigkeit in Norddeutschland, Meteor. Zeitschr. 2, S. 153, 1885 und: Untersuchungen über das Sättigungsdeficit, ibid. 4, S. 113, 1887; Weihrauch: Ueber das Sättigungsdeficit, Meteor. Zeitschr. 2, S 260, 1885. Weihrauch hat diese Grösse dann auch unter der Bezeichnung „completive Feuchtigkeit“ in die meteorologischen Tabellen von Dorpat aufgenommen. Als „Dampgebrek“ findet sie sich bei S. Figee: Uitkomsten van meteorologische Waarnemingen in Nederlandsch Indië van het Jaar 1889; Naturkundig Tijdschrift voor Nederlandsch Indië Deel 49, 8 Ser., Deel X, Batavia 1890.

[3]) Hann: Ueber die Luftfeuchtigkeit als klimatischer Factor, Wiener klinische Wochenschrift 1889, wieder abgedruckt in „Das Wetter“ 1890.

kaum schon zu treffen, man bedarf dazu noch ausgedehnterer Kenntnisse des Sättigungsdeficits; mit der Herbeiziehung einzelner, vielleicht gar extremer Beispiele ist wenig zu beweisen. Berechnen wir daher das Sättigungsdeficit zunächst für möglichst zahlreiche Orte. Das Bessere ist der Feind des Guten.

Als Beispiel sei auch hier auf Breslau zurückgegriffen.

Tab. 15. **Luftfeuchtigkeit zu Breslau.**

Arithmetische Mittelwerthe, 1876—1885.

	Absolute Feuchtigkeit mm				Relative Feuchtigkeit %				Sättigungsdeficit mm			
	6 a	2 p	10 p	Mittel	6 a	2 p	10 p	Mittel	6 a	2 p	10 p	Mittel
Januar .	3,4	3,7	3,5	3,5	88	80	86	84	0,5	1,0	0,5	0,7
Februar .	3,9	4,3	4,1	4,1	87	74	84	82	0,6	1,6	0,8	1,0
März . .	4,1	4,2	4,3	4,2	85	64	78	76	0,8	2,7	1,3	1,6
April . .	5,4	5,4	5,7	5,5	85	55	74	71	1,0	5,1	2,2	2,8
Mai . .	7,1	6,9	7,4	7,1	81	52	72	68	1,7	6,5	3,2	3,8
Juni . .	9,6	9,0	10,0	9,5	80	51	72	68	2,5	10,5	4,3	5,8
Juli . .	10,7	10,1	11,1	10,6	82	52	73	69	2,5	10,3	4,3	5,7
August .	10,3	10,1	10,8	10,4	84	55	76	72	2,1	9,1	3,4	4,9
September	8,6	8,7	9,1	8,8	87	57	78	73	1,5	6,9	2,8	3,7
October .	6,4	6,8	6,7	6,6	88	68	83	80	1,0	3,6	1,2	1,9
November	4,8	5,2	4,9	4,9	88	77	85	84	0,5	2,0	1,8	1,4
December	3,9	4,1	4,0	4,0	87	82	86	85	0,4	0,9	0,5	0,6

Nur wenige Publicationen meteorologischer Beobachtungen enthalten bislang das Sättigungsdeficit, und in die Psychrometertafeln ist es noch nicht aufgenommen. Wir haben deshalb hier kurz die Regeln anzugeben, nach denen diese Grösse berechnet werden kann.

In jedem einzelnen Falle kann man das Sättigungsdeficit d aus der absoluten Feuchtigkeit σ und der relativen Feuchtigkeit f berechnen. Bezeichnen wir nämlich das Maximum der Spannkraft des Wasserdampfes bei der herrschenden Temperatur t mit s, so haben wir

$$1)\quad f = \frac{\sigma}{s}, \qquad d = s - \sigma = \sigma\,\frac{1-f}{f}.$$

Dieser Ausdruck für d ist aber nur auf Einzelbeobachtungen, und nicht auf die monatlichen Mittelwerthe von σ und f anwendbar. Ist nämlich f_m das Monatsmittel der relativen Feuchtigkeit, so ist

$$f_m = \frac{1}{n}\,\Sigma f,$$

und man würde hiernach für das Monatsmittel des Sättigungsdeficits erhalten

$$2)\quad d'_m = \frac{\Sigma\,\sigma}{\Sigma\,f}\,(n - \Sigma\,f),$$

während man nach der Definition von d haben muss

$$3)\quad d_m = \frac{1}{n}\,(\Sigma\,s - \Sigma\,\sigma).$$

Weihrauch (l. c.) hat darauf hingewiesen, dass stets $d_m < d'_m$, und dass demnach eine Berechnung nach 2) unzulässig ist.

Das Monatsmittel d_m kann nicht aus den Mitteln σ_m und f_m berechnet werden.

Nun aber enthalten die Publicationen nach internationalem Schema $\frac{1}{n}\,\Sigma\,\sigma$, um also d_m nach der strengen Formel 3) berechnen zu können, bedarf man nur noch der Grösse $\frac{1}{n}\,\Sigma\,s$. Handelt es sich nun um längere Beobachtungsreihen, so kann diese $\Sigma\,s$ aus den Angaben über die Lufttemperatur mit ausreichender Genauigkeit nach folgender, von Weihrauch (l. c.) angegebenen „Strichelungsmethode" abgeleitet werden. „Dieses Verfahren besteht einfach darin, die Temperaturen in Gruppen gleichen Umfangs zu sondern und für jede in eine bestimmte Gruppe entfallende Temperatur den der Gruppe zukommenden mittleren Werth von s zu setzen. Den Umfang einer Gruppe darf man wegen der Beschaffenheit der Function s = f (t) wohl nicht grösser als einen Grad wählen. — Am einfachsten verfährt man wohl folgendermaassen: Man entwirft eine Tabelle, deren erste Verticalreihe die einzelnen Temperaturgruppen enthält, liest dann die einer bestimmten Tagesstunde zugehörigen Temperaturen ab und bezeichnet jede einzelne Temperatur in der betreffenden Gruppe durch einen Strich [daher der Name]; dann bildet man die Producte aus der leicht zu übersehenden Strichzahl jeder Gruppe mit den auf einer besonderen [dem Aufsatze für das Intervall von — 40° bis 39,9° beigegebenen und hier im Anhang abgedruckten] Scala aufgetragenen Gruppenmittelwerthen und addirt alle Producte. So gewinnt man rasch Σ s für die einzelnen Tagesstunden der Monate." Damit ist dann auch d_m gefunden.

Die in obiger Tabelle für Breslau mitgetheilten Werthe des Sättigungsdeficits sind nach dieser Methode berechnet.

Wie man sieht, erfordert die Ableitung des d_m eine Ordnung der einzelnen Temperaturbeobachtungen in Gruppen von demselben

Umfang wie die Bestimmung des Scheitelwerthes der Temperatur. Die Aufstellung der Tabellen von der Form 11 S. 87 bietet also auch für die Behandlung der Luftfeuchtigkeit Nutzen.

Rascher gelangt man nach Weihrauch (l. c.) zum Ziele, wenn man über die Angaben beider Thermometer des Psychrometers verfügt. Man kann dann mit ausreichender Genauigkeit aus den Mittelwerthen des trockenen und des feuchten Thermometers wie bei Einzelbeobachtungen nach der Regnault'schen Formel die mittlere relative Feuchtigkeit f_m berechnen und erhält hieraus

$$4)\quad d''_m = \frac{1}{n}\,\Sigma\,\sigma\,\frac{1-f_m}{f_m}.$$

Diese Annäherung an d_m ist grösser als die von d'_m in 2), und sie würde ausreichen. Leider aber werden die Mittelwerthe des feuchten Thermometers nur selten (so z. B. in den meisten englischen Publicationen) veröffentlicht. Man sieht, es kommt ihnen neben ihrem directen Sinn noch eine weitere Bedeutung zu, man sollte daher in Zukunft auch die Mitteltemperaturen des feuchten Thermometers publiciren.

Die besten Werthe erhält man freilich, wenn man das d für jeden einzelnen Termin berechnet, und es dürfte sich daher für meteorologische Beobachter empfehlen, bei Aufstellung ihrer monatlichen Tabellen das Sättigungsdeficit immer gleichzeitig mit der absoluten und relativen Feuchtigkeit zu berechnen. Zur Erleichterung dieser Arbeit gebe ich im Anhang zwei Curvensysteme, aus denen man das Sättigungsdeficit entnehmen kann, wenn gegeben ist die psychrometrische Differenz und die Lufttemperatur (Fig. 17), oder die relative Feuchtigkeit und die Lufttemperatur (Fig. 18).

Zur Bestimmung des Scheitelwerthes habe ich die Beobachtungen der absoluten Feuchtigkeit in Gruppen von je 1 mm und die der relativen Feuchtigkeit in Gruppen von je 5 % Umfang geordnet und bin dann ganz wie bei der Lufttemperatur verfahren. Die Tabellen der Wahrscheinlichkeit der einzelnen Gruppen werden durch Tab. 16 und 17 repräsentirt.

Einige der nach diesen Tabellen construirten Curven haben schon oben S. 25 Platz gefunden. Weitere Mittheilungen derselben erscheinen um so mehr überflüssig, als sich der Character derselben für die absolute Feuchtigkeit (für Breslau) wenig ändert. Der Anstieg auf der Seite geringer Dampfspannung erfolgt im Allgemeinen rascher als der Abfall auf der andern Seite und demnach

Tab. 16. **Absolute Luftfeuchtigkeit zu Breslau, 1876—85.**
Wahrscheinlichkeit einer Beobachtung. 6^h a. m. Procente.

	J.	F.	M.	A.	M.	J.	J.	A.	S.	O.	N.	D.
Von 15,9 bis 15,0	—	—	—	—	—	1	2	0	—	—	—	—
„ 14,9 „ 14,0	—	—	—	—	—	2	4	4	—	—	—	—
„ 13,9 „ 13,0	—	—	—	—	—	4	8	8	1	—	—	—
„ 12,9 „ 12,0	—	—	—	—	0	7	12	11	4	—	—	—
„ 11,9 „ 11,0	—	—	—	—	4	12	16	14	8	1	—	—
„ 10,9 „ 10,0	—	—	—	—	8	17	20	16	12	2	—	—
„ 9,9 „ 9,0	—	—	—	2	10	18	18	18	16	6	—	—
„ 8,9 „ 8,0	—	—	1	6	11	18	13	16	20	11	1	—
„ 7,9 „ 7,0	0	—	3	11	15	13	6	9	19	18	5	0
„ 6,9 „ 6,0	3	2	7	17	19	7	1	3	12	22	13	6
„ 5,9 „ 5,0	10	16	16	24	17	1	—	—	5	20	24	16
„ 4,9 „ 4,0	22	29	26	25	11	—	—	—	2	14	28	27
„ 3,9 „ 3,0	27	30	27	15	5	—	—	—	0	6	20	25
„ 2,9 „ 2,0	23	19	16	2	1	—	—	—	—	0	7	15
„ 1,9 „ 1,0	13	4	3	—	—	—	—	—	—	—	1	8
„ 0,9 „ 0,0	1	—	—	—	—	—	—	—	—	—	—	2

Tab. 17. **Relative Feuchtigkeit zu Breslau, 1876—85.**
Wahrscheinlichkeit einer Beobachtung 6^h a. m. — Procente.

	J.	F.	M.	A.	M.	J.	J.	A.	S.	O.	N.	D.
Von 100 % bis 96 %	15	12	14	11	7	7	7	9	14	22	15	16
„ 95 „ „ 91 „	24	23	17	18	11	11	10	16	21	23	26	22
„ 90 „ „ 86 „	25	25	21	21	15	15	16	20	24	19	27	24
„ 85 „ „ 81 „	16	18	19	18	19	17	21	21	20	15	17	16
„ 80 „ „ 76 „	9	11	13	13	19	18	19	17	12	10	8	10
„ 75 „ „ 71 „	6	6	8	9	14	14	14	10	6	6	4	6
„ 70 „ „ 66 „	3	3	4	5	8	9	8	5	2	3	2	3
„ 65 „ „ 61 „	1	1	3	3	4	5	3	1	0	1	1	1
„ 60 „ „ 56 „	1	0	1	1	3	2	1	0	0	1	0	1
„ 55 „ „ 51 „	0	0	1	0	1	1	0	—	—	—	—	0
„ 50 „ „ 46 „	—	0	0	—	0	0	—	—	—	—	—	—
„ 45 „ „ 41 „	—	—	—	—	—	—	—	—	—	—	—	—
„ 40 „ „ 36 „	—	—	—	—	—	—	—	—	—	—	—	—
„ 35 „ „ 31 „	—	—	—	—	—	0	—	—	—	—	—	—

ist die Differenz S—A, mit Ausnahme der Morgen- und Abendstunden, im Winter, negativ.

Bei der relativen Feuchtigkeit steigen die Curven am Morgen mit wachsendem Feuchtigkeitsgehalt langsam an und fallen, nachdem der Scheitel erreicht ist, rasch ab. Ebenso verhalten sich durchweg die Abendcurven für die Monate October bis Februar. Die Differenz S—A ist dann positiv und übersteigt selten 3 %. Die Mittagscurven für alle Monate und die Abendcurven für März bis September verlaufen entgegengesetzt: sie steigen rasch an und fallen langsam. Die Differenz S—A ist negativ und ziemlich beträchtlich, im Juni erreicht sie 11 %. An den Küsten wird jener erste Typus noch mehr vorherrschen, dort wird es auch gerathen erscheinen, die Intervalle kleiner (etwa 2 % umfassend) zu wählen, um eine sichere Bestimmung des Scheitelwerthes zu ermöglichen, weil derselbe hier sehr nahe an die obere Grenze heranrückt.

Die Scheitelwerthe der absoluten und der relativen Feuchtigkeit für Breslau giebt folgende Tabelle.

Tab. 18. **Scheitelwerthe der Luftfeuchtigkeit zu Breslau, 1876—85.**

	Absolute Feuchtigkeit			Relative Feuchtigkeit		
	6ᵃ	2ᵖ	10ᵖ	6ᵃ	2ᵖ	10ᵖ
Januar . .	3,6	3,7	3,6	90	84	88
Februar . .	3,8	4,1	4,1	89	70	89
März . . .	3,9	4,1	4,3	88	63	78
April . . .	4,8	5,0	4,8	87	47	72
Mai . . .	6,2	6,0	6,1	80	43	79
Juni . . .	9,1	8,5	9,6	80	40	69
Juli . . .	10,2	10,7	10,7	82	47	74
August . .	9,4	10,8	9,3	85	42	77
September .	8,0	8,4	8,6	89	49	77
October . .	6,7	6,1	6,5	94	63	85
November .	4,8	4,7	4,9	91	83	87
December .	4,2	4,2	4,4	90	80	92

Für das Sättigungsdeficit konnte der Scheitelwerth nicht bestimmt werden, weil es noch an ausführlichen Mittheilungen über diese Grösse fehlt.

10. Die Bewölkung.

In den Publicationen nach internationalem Schema beziehen sich die die Bewölkung messenden Zahlen auf Schätzungen nach einer zehntheiligen Scale, so dass 0 den ganz wolkenfreien und 10 den ganz mit Wolken bedeckten Himmel bezeichnet. Die mittlere Bewölkung eines Tages wird als das arithmetische Mittel aus den drei Terminbeobachtungen berechnet, welches nach den Untersuchungen von Liznar[1]) im monatlichen Durchschnitt sehr nahe das „wahre Tagesmittel" liefert. Die Wahl der Tagesstunden ist dabei, sofern nur eine Beobachtung auf den Morgen, eine auf den Nachmittag und eine auf den Abend fällt, von geringem Belang.

Klimatische Tabellen dürfen sich aber nicht auf das Tagesmittel beschränken, sie sollen vielmehr auch die Mittelwerthe für die einzelnen Termine enthalten, um ein wenigstens ungefähres Bild der täglichen Periode der Bewölkung zu gewähren. Freilich ist dieses Bild sehr ungenau und auch dann noch wenig scharf, wenn man über mehr als nur drei tägliche Beobachtungen verfügt; denn zur Darstellung der Bewölkungsverhältnisse sind arithmetische Mittelwerthe in hohem Grade ungeeignet. Dasselbe gilt für die aus arithmetischen Mittelwerthen abgeleitete jährliche Periode der Himmelsbedeckung. Die periodischen Aenderungen dieses Elementes sind viel durchgreifender, als man nach den Mittelwerthen vermuthen sollte.

Man hat das auch schon lange erkannt und zur schärferen Characterisirung des jährlichen Ganges die Anzahl der heitern und der trüben Tage hinzugezogen. Unter einem „heitern Tag" versteht man einen solchen, dessen mittlere Bewölkung die Zahl 2 nicht erreicht, und „trübe" nennt man einen Tag, dessen mittlere Bewölkung grösser als 8 ist. Man sollte in dieser Richtung aber noch weiter gehen und wenigstens auch noch die Häufigkeit der heitern und trüben Terminbeobachtungen berechnen.

Bei uns wird in der überwiegenden Mehrzahl der Fälle ganz bedeckter oder ganz heiterer Himmel beobachtet, daran schliessen sich der Häufigkeit nach die benachbarten Bewölkungsgrade, gebrochener Himmel. Bilden wir nun das Mittel, so erhalten wir in

---

[1]) Liznar: Ueber den täglichen Gang der Bewölkung; Zeitschr. d. oest. Ges. f. Met. 1885, S. 246.

der Regel mittlere Bewölkungsgrade, welche selbst nur höchst selten geschätzt werden. Ferner bestehen die periodischen Aenderungen der Bewölkung vornehmlich darin, dass die extremen Grade zugleich seltener werden, oder zugleich zunehmen. Das arithmetische Mittel wird dadurch aber nur wenig betroffen, und daher kommen in diesem die periodischen Aenderungen nur wenig zum Ausdruck. Hierauf hat bereits Kremser[1]) hingewiesen, und es ist sehr zu bedauern, dass sein Appell an die Klimatologen, bei der Betrachtung der Bewölkung mehr ins Detail zu gehen, bislang ohne Erfolg geblieben ist.

Wollen wir ein richtiges Bild von dem täglichen und jährlichen Gang der Himmelsbedeckung erhalten, so müssen wir auf die Häufigkeit der einzelnen Bewölkungsgrade zu den verschiedenen Tageszeiten zurückgehen[2]) und zunächst für jeden Termin Tabellen aufstellen, wie hier eine für Breslau, 6^h a. m., folgt.

Tab. 19. **Häufigkeit der einzelnen Bewölkungsgrade zu Breslau, 6^h a. m., 1876—1885.**

	0	1	2	3	4	5	6	7	8	9	10	Mittel
Januar . .	70	7	7	4	2	—	—	2	11	1	206	7,1
Februar .	51	3	8	3	2	1	—	2	13	2	198	7,6
März . .	58	12	11	6	2	—	—	5	11	9	196	7,2
April . .	67	16	7	5	4	—	4	7	21	9	160	6,6
Mai . . .	74	19	4	4	4	1	4	16	27	10	147	6,4
Juni . .	77	24	11	5	4	2	4	8	20	16	129	5,8
Juli . . .	82	20	8	7	4	—	2	14	19	19	135	6,0
August . .	65	21	13	9	4	1	2	9	21	22	143	6,3
September .	69	22	9	9	11	3	2	4	21	14	136	6,1
October .	39	15	8	10	7	1	3	4	13	10	200	7,5
November .	51	15	7	4	1	—	—	—	7	3	212	7,5
December .	48	5	14	3	1	—	—	—	10	2	227	7,8

[1]) Kremser: Bemerkungen über die Beziehung der mittleren Bewölkung zur Anzahl der heitern und trüben Tage; Meteorolog. Zeitschr. 2, S. 328, 1885.

[2]) Behält man die zur Bildung arithmetischer Mittelwerthe berechtigende Voraussetzung bei, dass nämlich die Zeit, während welcher nicht beobachtet wird, denselben Bewölkungscharacter trägt wie die Beobachtungsmomente, so kann man statt von der Häufigkeit eines bestimmten Bewölkungsgrades auch von der Dauer dieses Grades während einer bestimmten Zeit reden.

Die letzte Colonne enthält die mittlere Bewölkung aus denselben Jahren. Man sieht hieraus zunächst, wie dieselbe mittlere Bewölkung immerhin recht verschiedene Bewölkungsverhältnisse repräsentirt. Man vergleiche z. B. Januar und März, oder October und November. Noch grösser wird dieser Contrast, wenn es sich, um die Bewölkung zu verschiedenen Tageszeiten handelt. Fig. 12 S. 26 stellt z. B. die Wahrscheinlichkeitscurve der Bewölkungsgrade für Breslau (1876—85) für Juli 6^h a. m. und August 2^h p. m. dar, der Mittelwerth ist in beiden Fällen derselbe.

Unsere Tabelle hat noch einen weiteren Nutzen. Sie lässt nämlich die durch die Individualität des Beobachters in die Bewölkungsverhältnisse hineingetragenen Eigenthümlichkeiten erkennen. Die Seltenheit der Schätzung 9 im Vergleich zu 8 und 10 hat ihren Grund gewiss nicht in der Natur der Bewölkung, sondern liegt in der Gewohnheit des Beobachters. Weitere Beispiele hierzu findet man bei Kremser (l. c.).

Dieser Umstand ist es in erster Linie, dann auch die wünschenswerthe Abkürzung der Tabellen, welche mich zu dem Vorschlag veranlasst, alle Bewölkungsgrade in drei Classen zusammenzufassen, und, wie schon angedeutet, die Häufigkeit ganz heitern, gebrochenen und ganz bedeckten Himmels zur Zeit der Termine in die Tabellen aufzunehmen. Wegen der verschiedenen Länge der Monate ist die Wahrscheinlichkeit einer heitern etc. Beobachtung in Procenten anzugeben.

Eine auf die Bewölkung eines Ortes bezügliche Tabelle sollte meines Dafürhaltens die umstehende Form erhalten. Ist der verfügbare Raum nicht ausreichend, so mag man die Colonnen 1—4, 6, 9, 12 fortlassen, die übrigen sind durchaus nothwendig.

Dass eine solche Zusammenstellung für die Erklärung der klimatischen Verhältnisse weit besser geeignet ist als die Angaben der arithmetischen Mittelwerthe, mag in aller Kürze an einem Beispiel gezeigt werden. Wir haben in Cap. 8 gesehen, dass die vorherrschende Temperatur zu Breslau 6^h a. m. in den Jahren 1876—85 im März tiefer lag als im Februar. Der Grund hierfür liegt in der Bewölkung. Die Häufigkeit heiteren und ganz schwach bedeckten Himmels ist 6^h a. m. im März grösser als im Februar und zwar auf Kosten ganz bedeckten Himmels. Dementsprechend wird die Ausstrahlung im März in der Frühe grösser sein als im Februar (die Einstrahlung kommt um diese Zeit noch nicht in Betracht).

Tab. 20. **Bewölkung zu Breslau 1876—1885.**

	1	2	3	4	5	6	7	8	9	10	11	12	13	14	15
	Arithmetisches Mittel				Häufigkeit der drei Classen in Procenten									Wahrscheinlichkeit der	
					6ᵃ			2ᵖ			10ᵖ			heitern Tage	trüben Tage
	6ᵃ	2ᵖ	10ᵖ	Mittel	0	1—9	10	0	1—9	10	0	1—9	10		
Januar . .	7,1	7,1	7,1	7,1	23	11	66	14	33	53	21	17	63	12	50
Februar .	7,6	6,6	6,6	6,9	18	12	70	14	38	48	23	22	55	12	45
März . .	7,2	7,0	6,0	6,7	19	18	63	9	46	45	24	28	47	10	41
April . .	6,6	7,0	5,8	6,5	22	24	53	9	46	46	24	31	45	12	41
Maï . . .	6,4	6,8	5,9	6,4	24	29	47	5	57	38	20	41	39	12	37
Juni . .	5,8	5,8	5,7	5,8	26	31	43	7	71	22	15	50	35	14	22
Juli . . .	6,0	6,3	5,4	5,9	26	30	44	5	69	26	21	46	33	13	28
August . .	6,4	6,0	5,1	5,8	21	33	46	6	69	25	26	43	31	16	26
September .	6,1	6,2	5,4	5,9	23	32	45	10	57	33	25	37	38	16	30
October .	7,5	7,0	6,4	7,0	13	23	64	5	51	44	19	30	50	8	42
November .	7,5	7,1	7,2	7,3	17	12	71	8	43	50	15	26	59	7	48
December .	7,8	8,0	7,5	7,8	15	11	73	5	36	59	16	15	68	6	54
Winter . .	7,5	7,2	7,1	7,3	19	11	70	11	35	54	20	18	62	10	50
Frühling .	6,2	6,9	5,9	6,3	22	24	54	8	50	43	23	34	44	11	40
Sommer .	6,1	6,1	5,4	5,7	24	31	44	6	69	24	21	46	33	14	26
Herbst . .	7,0	6,8	6,4	6,7	18	22	60	7	50	43	20	31	49	11	40
Jahr . .	6,8	6,8	6,2	6,6	21	22	57	8	50	41	21	32	47	11	39

Trotz der im März etwas höheren Abendtemperatur liefert daher die 6ʰ Beobachtung in diesem Monat durchweg tiefere Temperaturen als im Februar. Diese ganz ungezwungene Erklärung der doch immerhin unerwarteten Erscheinung würde man mit Hülfe des arithmetischen Mittels kaum gefunden haben.

Wollte man die Scheitelwerthe der Bewölkung angeben, so würde man bei uns das ganze Jahr hindurch dieselben erhalten, nämlich 10 und 0. Zur Bestimmung der täglichen und jährlichen Periode hätte man dann seine Zuflucht zu der Wahrscheinlichkeit zu nehmen, mit der diese Scheitelwerthe zu verschiedenen Zeiten eintreten. Allein das wäre doch wegen der bereits erwähnten, durch die Persönlichkeit des Beobachters bedingten Schätzungsfehler wohl wenig empfehlenswerth. Vorläufig dürfte eine Uebersicht, wie Tab. 20 sie bietet, allen Anforderungen genügen.

Wenn nun das arithmetische Mittel so wenig zur Characterisirung der Bewölkungsverhältnisse geeignet erscheint, so ist auch ein gewisses Misstrauen gegen kartographische Darstellungen der Bewölkungsverhältnisse auf Grund von Mittelwerthen nicht zu beseitigen. Man läuft dabei zu leicht Gefahr, Gegenden in dasselbe Band aufzunehmen, deren vorherrschende Himmelsbedeckung wesentliche Unterschiede aufweist. Zu einem besseren Bilde wird man aller Wahrscheinlichkeit nach gelangen, wenn man die Bewölkungskarten nach Maassgabe der Wahrscheinlichkeit heiterer und trüber Tage oder besser noch heiterer und trüber Termine zeichnet.

---

11. Der Wind.

In diesem Capitel betrachten wir nur die Häufigkeit und die Drehung der Winde, sowie die Windstärke und die Windgeschwindigkeit; auf die klimatologisch nicht hoch genug anzuschlagende Bedeutung der Windrichtung für die anderen Elemente, wie sie in den Windrosen zum Ausdruck kommt, gehen wir weiter unten in Cap. 14 ein.

So einfach auch die Darstellung der Windrichtung und ihrer Aenderungen ist, so hat es doch lange gedauert, bis man sich der heutigen Art der Behandlung allgemein zugewandt hat. Der Grund hierfür liegt einerseits in dem Streben nach äusserster Kürze und andererseits in der Ueberschätzung der Bedeutung der Mittelwerthe. Es liegt aber in der Natur der Sache, dass die tabellarische Beschreibung der Windverhältnisse eines Ortes, wenn sie den Thatsachen einigermaassen entsprechen soll, immer einen relativ grossen Raum beansprucht. Was in den voraufgehenden Capiteln für die anderen meteorologischen Elemente angestrebt ist, das hat man sich bei der Behandlung der Windverhältnisse in den letzten Decennien bereits mehr und mehr zu thun gewöhnt: den Mittelwerth durch den vorherrschenden Werth zu ersetzen, bezw. die Häufigkeit aller Einzelwerthe anzugeben.

Die älteren Meteorologen geben meistens nur diejenige Richtung an, aus welcher der Wind am häufigsten zu wehen pflegt. Das ist aber offenbar nur sehr mangelhaft und häufig auch verdächtig; denn nicht selten kommen an einem Orte verschiedene Windrichtungen nahezu gleich häufig vor. Der nächstliegende Ausweg, die Häufigkeit für alle Windrichtungen anzugeben, und zwar der Vergleichbarkeit wegen in Procenten sämmtlicher Beobachtungen, ist früher nur selten betreten worden, so z. B. von dem dänischen Botaniker und Klimatologen J. F. Schouw in seiner auch heute noch sehr lesenswerthen Abhandlung: „Beiträge zur vergleichenden Klimatologie", Kopenhagen 1827. Es heisst dort Seite 8: „Allein da diese (die Anzahl der Beobachtungen jedes Windes) für eine lange Reihe von Jahren sehr grosse Zahlen geben, da ferner in den hier benutzten Reihen nicht selten Lacunen für Tage oder Monate stattfinden, und da endlich, wenn man die Monate unter sich vergleichen will, die Schwierigkeit eintritt, dass die Monate nicht von gleicher Grösse sind, dieselbe absolute Zahl daher in den verschiedenen Monaten verschiedene Bedeutung hat, so habe ich die Windverhältnisse auf die Art gegeben, dass ich für jeden Wind den Quotienten angebe, welcher durch die Zahl der Beobachtungen des einzelnen Windes und die Gesammtzahl der Beobachtungen gebildet wird, und diese Quotienten in Decimalen ausgedrückt. Auf diese Art, glaube ich, wird die Uebersicht leichter und dabei genauer."

Viel häufiger ist eine schon früher von Lambert[1]) vorgeschlagene Reductionsmethode verwendet worden, besonders von Dove, Schübler und Kämtz. Diese Methode ist aus dem Bestreben, alle Winde zu einem mittleren Wind zusammenzusetzen, hervorgegangen. Es geschieht die Zusammensetzung nach dem Princip des Parallelogramms der Kräfte, indem die Winde als Kräfte aufgefasst werden, welche die Atmosphäre zu bewegen streben. Die Winde sollen dabei mit Rücksicht auf ihre Dauer und ihre Stärke in Betracht kommen. Versteht man unter den Buchstaben, welche die Windrichtung angeben, die Producte aus der Dauer (Häufigkeit) und der Windgeschwindigkeit, und bezeichnet man durch A und B folgende Grössen:

$$A = E - W + (NE + SE - NW - SW) \cos 45^0$$
$$B = N - S + (NE + NW - SE - SW) \cos 45^0$$

so ist:

$$R = \sqrt{A^2 + B^2}$$

die Grösse der Resultante, und es giebt

---

[1]) Lambert, Nouveaux mémoires de l'acad. roy. des sciences, Berlin 1777, Classe de mathématique, p. 36.

$$\tang \varphi = \frac{A}{B}$$

die resultirende Windrichtung. Dabei ist die Zählung von N über E nach S gedacht.

Diese Formeln würden zwar bei geeigneter Interpretation der Coefficienten den Weg und die Richtung der bewegten Masse zu bestimmen geeignet sein, aber mit der aus denselben abgeleiteten mittleren Windrichtung lässt sich nur ausnahmsweise ein Sinn verbinden.

Auf einen Uebelstand derselben hat auch bereits Kämtz[1]) hingewiesen. Es kann nämlich leicht der Fall eintreten, dass sich eine mittlere Windrichtung ergiebt, aus welcher der Wind garnicht, oder doch nur höchst selten geweht hat. „Aus diesem Grunde erscheint es mir zweckmässig," sagt Kämtz (l. c.), „mit diesem Verfahren noch das von Schouw (l. c.) befolgte zu verbinden; man vergleicht die Zahl der entgegengesetzten Winde, und indem man die Zahl des einen derselben als Einheit ansieht, sieht man den anderen als ein Vielfaches von ihm an." Die NW-, N- und NE-Winde als nördliche, die NE-, E- und SE- als östliche Winde etc. zusammenfassend, giebt er dann das Verhältniss zwischen den nördlichen und südlichen und das zwischen den östlichen und westlichen Winden an. Dieses Verfahren hat indessen eine allgemeinere Verbreitung nicht gefunden und ist längst ausser Uebung.

Einen weiteren Uebelstand, der sich auf die resultirende Windgeschwindigkeit bezieht, hat Listing[2]) hervorgehoben: „Für die Lebhaftigkeit der Luftströmungen giebt diese Grösse kein geeignetes Maass. Ein solches würden wir in der mittleren Geschwindigkeit der beobachteten Winde finden, ohne weitere Rücksicht ihrer veränderlichen Richtung. Jene Resultante ist die Entfernung, in welcher wir uns — die Atmosphäre als ruhend, den Beobachtungsplatz als bewegt gedacht — in einem bestimmten Zeitraume von dem Anfangspunkte der Bewegung befinden, getheilt durch den Zeitraum selbst. Der im Allgemeinen krummlinige und nicht selten sehr complicirte Weg, den bei dieser Betrachtungsweise die Windfahne im Luftmeere zurücklegt, kann nach einer gegebenen Zeit auf

---

[1]) Kämtz, Lehrbuch der Meteorologie, Band 1, S. 166, Halle 1831.

[2]) Listing, Nachrichten von der Königl. Gesellschaft der Wissenschaften zu Göttingen, 1857, S. 186.

den Anfangspunkt zurückkehren, und dann läge der Fall vor, dass die Resultante des Windes Null wäre, und man würde sehr irren, wenn man dies für eine diese Zeit lang stattgehabte Windstille halten wollte. Fragen wir dagegen nach der Länge des in jener Curve selbst zurückgelegten Weges, auf welchem während der wirklichen Bewegung die Geschwindigkeit (so gut es die Beobachtungsmittel gestatten) bei jeder einzelnen Windbeobachtung aufgezeichnet wird, so giebt uns die Summe der beobachteten Intensitäten die richtige Antwort, und diese Summe durch die Anzahl der Beobachtungen dividirt, giebt ein Maass für die mittlere Geschwindigkeit während des ganzen Zeitraumes.“ Diesen Werth schlägt Listing vor, als Ventilation zu bezeichnen, „um den einigermassen doppelsinnigen Ausdruck ‚mittlere Stärke‘ zu umgehen,“ die nach der Lambert'schen Regel abgeleiteten Zahlen nennt er im Gegensatz dazu Prävalente. Diese Unterscheidung ist heute nicht mehr nöthig, denn über die Unzweckmässigkeit der Lambert'schen Behandlungsweise der Winde besteht unter den Meteorologen wohl keine Meinungsverschiedenheit mehr, und Hann's[1]) Ansicht, „dass eine Berechnung der resultirenden Windrichtung allein zu keinen reellen Resultaten führt, ja geradezu zu Missverständnissen führen kann,“ wird kaum auf Widerspruch stossen.

Prestel[2]) ist auf die genaue Darstellung der Winde nach Schouw zurückgegangen, dabei hat er derselben in seinen zahlreichen Schriften eine recht anschauliche Form gegeben, indem er den Horizont in eine Luv- und eine Leeseite zerlegt und die Lage der Luvseite bestimmt. „Luvseite nenne ich den Bogen des Horizontes, von welchem her die Winde wehen, welche an einem Orte vorherrschen; der Bogen des Horizonts, welcher der Luvseite gegenüber liegt, heisst die Leeseite.“ Die Winde der Luvseite schreibt Prestel durch die üblichen Buchstaben hin, an diese Buchstaben hängt er dann als Index die Differenz zweier Zahlen, nämlich der Zahlen, welche der Häufigkeit des durch Buchstaben angegebenen Windes und der des entgegengesetzten entsprechen. Ist also die Häufigkeit

der Winde	N	NE	E	SE	S	SW	W	NW
in Procenten	3	5	26	11	13	25	11	5

[1]) Hann: Annalen der Hydrographie etc. 16, S. 293 1888.

[2]) Prestel: Die Winde über der deutschen Nordseeküste; Kleine Schriften der naturforschenden Gesellschaft in Emden XIII; Emden 1868.

so characterisirt Prestel statt dessen die Lage der Luvseite durch

$$E_{26-11}\ SE_{11-5}\ S_{13-3}\ SW_{25-5}.$$

Solch ein einzelner Ausdruck lässt indessen den Nutzen, den derselbe gewährt, nicht deutlich hervortreten. Ich gebe daher die von Prestel (l. c. S. 9) aufgestellte Uebersicht der Lage der Luvseite im Horizont von Emden, woraus man ein deutliches Bild der Verschiebung der Luvseite im Laufe des Jahres gewinnt.

Tab. 21. **Lage der Luvseite im Horizont von Emden.**

J.	E_{26-11}	SE_{11-5}	S_{13-3}	SW_{25-5}					
F.	E_{18-17}		S_{10-6}	SW_{19-9}		NW_{11-9}			
M.	E_{16-15}		S_{10-8}	SW_{19-9}		NW_{14-10}			
A.	E_{20-10}			SW_{16-14}		NW_{12-9}	N_{12-7}		
M.						NW_{11-7}	N_{16-8}	NE_{16-15}	E_{17-10}
J.				SW_{21-10}	W_{18-9}	NW_{14-6}	N_{13-9}		
J.			S_{10-9}	SW_{24-8}	W_{22-6}	NW_{12-5}			
A.			S_{9-7}	SW_{25-8}	W_{20-10}	NW_{14-6}			
S.	E_{17-15}		S_{13-8}	SW_{20-8}		NW_{11-9}			
O.		SE_{11-7}	S_{14-5}	SW_{24-4}	W_{18-16}				
N.	E_{21-11}	SE_{13-6}	S_{16-5}	SW_{21-7}					
D.	E_{19-17}	SE_{9-5}	S_{13-4}	SW_{27-6}					

Will man auch auf die Windstärke Rücksicht nehmen, so hat man jedem Buchstaben einen oberen Index hinzuzufügen, der aus der Differenz der mittleren Windstärken der beiden durch den betreffenden Buchstaben dargestellten Winde gebildet ist.

So gut hierin auch die Lage der Luvseite zum Ausdruck kommt, so ist doch diese Form nicht gerade sehr bequem und übersichtlich, wenn man die Häufigkeiten der verschiedenen Winde unter einander vergleichen will. Man kann aber leicht beides in gleich schöner Weise erreichen, wenn man sich derselben Darstellungsweise bedient, welche die Seewarte in den Windtabellen der „Monatlichen Uebersicht der Witterung" seit April 1876 anwendet. Es wird die Häufigkeit aller Winde angegeben, und für je zwei entgegengesetzte Richtungen die grössere Häufigkeitszahl fett gedruckt, mit andern Worten, die Winde der Luvseite werden fett, die der Leeseite mager gedruckt (vergl. S. 117, Tab. 22).

Die klimatische Beschreibung der Windrichtung geschieht heute meistens in folgender Weise.

Man sondert zunächst alle Windbeobachtungen nach Zeit und Richtung.

Aus diesen Tabellen ist dann mit Leichtigkeit die Häufigkeit der einzelnen Windrichtungen abzuleiten, und zwar ist die tägliche und die jährliche Periode der Häufigkeit zu geben. Auch wenn von einem Orte nur dreimalige Beobachtungen pro Tag vorliegen, wird es sich empfehlen, die jährliche Periode gesondert für die drei Termine abzuleiten. Die tägliche Periode ändert sich erfahrungsgemäss im Laufe des Jahres nur langsam, so dass es meistens gestattet erscheinen wird, mehrere Monate zusammenzuziehen und die Periode beispielsweise nur für die Jahreszeiten darzustellen. Aus den schon von Schouw angegebenen Gründen ist die Periode, die jährliche wie die tägliche, nicht durch die Anzahl der einzelnen Beobachtungen anzugeben, sondern dadurch, dass man zeigt, wie oft die einzelnen Windrichtungen unter 100 bezw. 1000 Beobachtungen vertreten sind.

In der Regel genügt es, sich auf die acht Hauptrichtungen zu beziehen. Sind die Windbeobachtungen nach der 16theiligen Windrose verzeichnet, so wird es sich in der Mehrzahl der Fälle empfehlen, diese auf die acht Hauptrichtungen zu reduciren. Man bestimmt dabei in der Regel zunächst die Häufigkeit der Beobachtung für alle 16 Richtungen und legt dann die Zwischenrichtungen den beiden angrenzenden Hauptrichtungen je zur Hälfte bei. Die folgenden Zahlenreihen mögen dieses erläutern; sie beziehen sich auf die 10jährigen Beobachtungen (1876—85) zu Keitum im December 8^h a. m.

	N	NNE	NE	ENE	E	ESE	SE	SSE	S
Beobachtungen	8	9	18	15	8	26	12	9	21
Auf acht Richtungen reducirt	17		30		28,5		29,5		34
In Procenten	5,5		9,7		9,2		9,5		11,0

	SSW	SW	WSW	W	WNW	NW	NNW	C
Beobachtungen	17	32	35	26	18	25	9	22
Auf acht Richtungen reducirt		58		52,5		38,5		22
In Procenten		18,7		17,0		12,4		7,1

Richtiger wäre es, die Zwischenrichtungen nicht zu gleichen Theilen auf die beiden benachbarten Hauptrichtungen zu legen, sondern in Theilen proportional der Häufigkeit der Nachbarrichtungen. Statt also von den neun Beobachtungen des NNE in unserm Beispiele 4,5 zu N und 4,5 zu NE hinzuzufügen, sollte man N um $\frac{8}{26} \times 9 = 2{,}8$ und NE um $\frac{18}{26} \times 9 = 6{,}2$ vermehren. Man entgeht dadurch der Gefahr, scharf ausgesprochene Windrosen abzustumpfen. Doch ist jene erste Methode allgemein in Gebrauch.

In dieser Weise sind die nach der 16theiligen Windrose ausgeführten Terminbeobachtungen zu Keitum auf Sylt von mir auf die 8theilige zurückgeführt, und die Häufigkeit der Hauptrichtungen in Procenten, mit andern Worten die Wahrscheinlichkeit der Hauptrichtungen, berechnet. Die folgende Tabelle giebt das Resultat dieser Rechnung für 8^h a. m. Analoge Tabellen sind, für alle Stunden, für welche Beobachtungen vorhanden sind, aufzustellen, um gleichzeitig die tägliche und die jährliche Periode zu erhalten.

Tab. 22. **Häufigkeit der Winde zu Keitum auf Sylt.**

8^h a. m. — **1876—1885.** — Procente.

	N	NE	E	SE	S	SW	W	NW	C.
Januar . .	7	12	11	9	7	**21**	**16**	**11**	6
Februar . .	6	9	10	**12**	**13**	**23**	**16**	6	4
März . . .	**9**	10	11	11	7	**14**	**20**	**14**	3
April . . .	**10**	**18**	**20**	**16**	7	10	10	6	2
Mai . . .	**11**	10	12	8	7	**18**	**16**	**16**	2
Juni . . .	**10**	9	10	8	4	**18**	**18**	**18**	2
Juli . . .	**11**	4	4	8	7	**21**	**21**	**21**	3
August . .	8	5	10	10	8	**18**	**18**	**20**	4
September .	7	10	12	**10**	**9**	**17**	**15**	16	4
October . .	9	13	12	12	**11**	**13**	**12**	**13**	4
November .	7	12	7	**13**	**16**	**23**	**12**	8	3
December .	6	10	9	10	**11**	**19**	**17**	**12**	7
Winter . .	6,0	10,1	10,1	**10,2**	**10,4**	**21,1**	**16,3**	10,0	5,9
Frühling . .	**9,9**	12,6	14,4	11,5	7,0	**14,2**	**15,5**	**12,3**	2,5
Sommer . .	**9,8**	6,1	8,0	8,7	6,2	**19,0**	**19,0**	**19,6**	3,5
Herbst . .	7,6	11,6	10,2	12,0	**12,0**	**17,6**	**13,0**	**12,2**	3,8
Jahr . . .	8,3	10,1	10,7	10,7	**8,9**	**18,0**	**16,0**	**13,6**	3,9

Die Lage der Luvseite ist, wie schon oben angegeben, durch fetten Druck markirt.

Bei der Auszählung der Winde nach ihrer Richtung empfiehlt es sich, nicht nur die Beobachtungen der Stunde, für welche man die Häufigkeit eben bestimmen will, sondern gleichzeitig auch die des folgenden Termins ins Auge zu fassen, und sich etwa des unten gegebenen Schemas zu bedienen, das sich mir als sehr bequem erwiesen hat. Dasselbe hat zwei Eingänge. In horizontaler und verticaler Richtung folgen die Windrichtungen in derselben Reihe. Wenn ich nun beispielsweise die Häufigkeit der Winde 8^h a. m. bestimmen und dabei die 2^h p. m. Beobachtung mit in Betracht ziehen will, so mache ich jedesmal in das Rechteck eine Marke, welches bestimmt wird durch die 8^a Beobachtung (Ausgangsrichtung, horizontale Reihe) und die 2^p Beobachtung (folgende Richtung, verticale Reihe). Dann zähle ich zunächst alle Marken zusammen, welche in derselben verticalen Colonne stehen, und erhalte so die Anzahl der Beobachtungen des an der Spitze der betreffenden Colonne stehenden Windes innerhalb des betrachteten Zeitraumes. Weiter liefert mir dann diese Uebersicht die Häufigkeit der Winddrehungen in ihrer Abhängigkeit von Richtung und Grösse von einem Termin zum andern. Die Anzahl der Marken in den Rechtecken der Diagonale von links oben nach rechts unten giebt die Anzahl der Erhaltungen derselben Richtung, von diesen Diagonal-Rechtecken ausgehend erhalte ich nach oben fortschreitend die Anzahl der Drehungen gegen (—) und nach unten fortschreitend die der Drehungen mit dem Uhrzeiger (+), und zwar für jede Stufe nach oben oder unten eine Drehung um $22\frac{1}{2}^0$ bei der 16theiligen, um 45^0 bei der 8theiligen Windrose. Dabei ist angenommen, was in der Regel zutreffen wird, dass die Drehung auf dem nächsten Wege erfolgt.

Schema zur Auszählung der Windrichtungen und der Winddrehungen.

	Ausgangsrichtung	N	NNE	NE	ENE	E	ESE	SE	SSE			
Auf die Ausgangsrichtung folgende Richtungen	N											
	NNE											
	NE											
	ENE											
	E											
	ESE											
	SE											
	SSE											

Untersuchungen über die Winddrehung sind auch klimatologisch von hohem Interesse, aber bislang erst sehr wenig ausgeführt. Es bedarf allerdings sehr langer Beobachtungsreihen, wenn man die zugehörigen Tabellen mit Erfolg für die einzelnen Monate aufstellen will; beschränkt man sich aber auf die Jahreszeiten, so lohnt sich schon die Bearbeitung zehnjähriger Reihen.

Für Keitum habe ich z. B. die Häufigkeit der Erhaltung der Windrichtung und der Drehung des Windes zwischen den einzelnen Terminen bestimmt und theile in der folgenden Tabelle das Ergebniss für 8^h a. m. und 2^h p. m. für den Winter mit. In der ersten horizontalen Zeile ist die jedesmal in Betracht kommende Anzahl der Beobachtungen angegeben, dieselbe ist nicht genau gleich der Gesammtzahl aller Beobachtungen der jedesmaligen Ausgangsrichtung, weil die Fälle, in denen die Richtung der Drehung zweifelhaft war, und die Uebergänge zu Windstille fortgelassen wurden.

Tab. 23. **Häufigkeit der Erhaltung der Windrichtung und der Winddrehungen zu Keitum zwischen 8^h a. m. und 2^h p. m. — 1876—1885. —**

Winter. — Procente.

Ausgangsrichtung	N	NNE	NE	ENE	E	ESE	SE	SSE	S	SSW	SW	WSW	W	WNW	NW	NNW
Anzahl der Beobachtungen	19	33	48	44	38	56	42	37	52	51	108	105	69	46	49	28
Drehung um mehr als —90,0°	—	6	4	2	—	2	—	—	—	—	—	—	1	—	—	4
„ „ —90,0°	5	—	—	—	—	2	—	—	—	—	1	1	—	—	4	11
„ „ —67,5°	—	—	2	2	3	2	—	3	4	4	2	2	—	4	14	11
„ „ —45,0°	5	18	10	5	5	2	5	5	6	4	8	2	6	11	22	4
„ „ —22,5°	16	18	17	11	21	16	19	16	15	10	6	20	32	24	10	21
„ „ 0°	32	39	38	36	37	48	31	24	29	37	44	43	38	28	27	29
„ „ +22,5°	21	9	21	34	24	21	33	19	15	24	27	17	16	24	14	7
„ „ +45,0°	11	9	6	5	8	4	7	24	19	14	8	11	4	7	4	11
„ „ +67,5°	5	—	2	5	—	2	5	8	6	6	2	2	1	—	2	4
„ „ +90,0°	—	—	—	—	3	—	—	—	4	—	—	1	—	2	2	—
„ „ mehr als +90,0°	5	—	—	—	—	2	—	—	2	2	1	1	1	—	—	—
Zusammen —	26	42	33	20	29	23	24	24	25	18	18	25	39	39	51	50
Zusammen +	42	18	29	43	34	28	45	51	46	45	38	32	23	33	22	21

Man sieht hieraus, dass bei der hier gewählten Anzahl unterschiedener Winde selbst noch bei einem Intervall von 6 Stunden die Erhaltung der Windrichtung wahrscheinlicher ist als eine Drehung von gegebener Grösse, und dass die Wahrscheinlichkeit einer Drehung mit der Grösse derselben rasch abnimmt. Am stabilsten erscheinen die häufigsten Richtungen. Das ist aber auch nicht anders zu erwarten. Denn wenn man von irgend einer Richtung ausgeht, so ist die Wahrscheinlichkeit, dass die nächste Beobachtung eine bestimmte Richtung liefert, um so grösser, je häufiger eben diese Richtung überhaupt aufzutreten pflegt, auch wenn keine Tendenz zur Erhaltung der Windrichtung besteht, sondern für die Aufeinanderfolge der verschiedenen Winde der Zufall allein maassgebend ist. Geht man also von dem häufigsten Winde aus, so ist die Wahrscheinlichkeit der Erhaltung hier grösser, als bei einem selteneren Nachbarwinde. Für diesen dagegen wirkt die verschiedene Häufigkeit der einzelnen Winde im Sinne einer Abschwächung der Erhaltung und einer Steigerung der Wahrscheinlichkeit der Drehung nach der einen oder der anderen Richtung.

Man kann daher noch nicht schliessen, dass die häufigsten Winde auch wirklich die stabilsten sind. Um diese Frage zu entscheiden, hat man die beobachtete Veränderlichkeit mit der theoretischen zu vergleichen, welche für die Herrschaft des reinen Zufalls in der Aufeinanderfolge der Winde gilt. Wegen der verschiedenen Häufigkeit der einzelnen Windrichtungen ist aber auch die theoretische Veränderlichkeit variabel, man kann daher, wenn eine Tendenz zur Erhaltung der Richtung besteht, diese nicht einfach durch die Differenz beider Veränderlichkeiten messen, sondern hat hierzu nach Köppen[1]) den Index der Erhaltungstendenz zu berechnen, d. i. die Differenz beider Veränderlichkeiten dividirt durch die theoretische Veränderlichkeit (vergl. Cap. 13).

Ist A die Anzahl der Beobachtungen einer bestimmten Richtung, B die aller übrigen Beobachtungen und W die Anzahl der Windwechsel, so ist:

$\frac{W}{2A}$ die beobachtete Veränderlichkeit,

$\frac{A}{A+B}$ die theoretische Veränderlichkeit und also

[1]) Köppen: Die Aufeinanderfolge der unperiodischen Witterungserscheinungen nach den Grundsätzen der Wahrscheinlichkeitsrechnung. Repert f. Meteor. Bd. 2, Petersburg 1872. In etwas anderer und noch mehr ins Einzelne gehender Weise ist Eisenlohr verfahren: Untersuchungen über den Einfluss des Windes auf den Barometerstand etc. zu Karlsruhe, Heidelberg und Leipzig 1837, S. 18 u. ff.

$$\frac{\frac{B}{A+B} - \frac{W}{2A}}{\frac{B}{A+B}} = 1 - \frac{W(A+B)}{2AB}$$ der Index der Erhaltungstendenz.

Berechnet man nun diese Grössen, so findet man die theoretische Veränderlichkeit immer merklich grösser, als die beobachtete, so dass also thatsächlich eine Neigung zur Erhaltung der Windrichtung besteht; im Besondern ergeben sich für unser Beispiel folgende Werthe:

Index der Erhaltung der Windrichtung zu Keitum im Winter. 1876—1885.

N	NNE	NE	ENE	E	ESE	SE	SSE	S	SSW	SW	WSW
0,65	0,68	0,67	0,66	0,67	0,72	0,63	0,60	0,62	0,67	0,68	0,67

W	WNW	NW	NNW	Mittel
0,66	0,62	0,61	0,63	0,65

Dass derartigen Berechnungen ein hoher klimatologischer Werth innewohnt, wird niemand bestreiten wollen, leider aber fehlt es noch fast ganz daran. Ausführlichere Untersuchungen nach dieser Richtung sind von Eisenlohr (l. c.) für Karlsruhe und von mir[1]) für Keitum angestellt, allein die Bedeutung der Ergebnisse derselben würden sehr gewinnen, wenn man sie mit ähnlichen Berechnungen für andere Orte vergleichen könnte.

Ganz besonders geeignet sind für derartige Arbeiten die Registrirungen der Anemometer, welche für eine ganze Reihe von Stationen veröffentlicht worden sind. Durch Zusammenfassen mehrerer Tagesstunden gelangt man dann leicht zu grossen Zahlen, welche die Gesetze leichter und sicherer hervortreten und dabei doch den täglichen Gang der Winddrehungen deutlich erkennen lassen. Auch für die Meteorologie sind solche Untersuchungen besonders für Orte, welche frei in möglichst gleichmässiger Umgebung liegen, sehr wünschenswerth.

Die Windstärke wurde früher nach einer vier-, sechs- oder achttheiligen, in neuerer Zeit fast allgemein nach einer zwölftheiligen, der sogenannten Beaufort-Scala geschätzt, so dass 0 Windstille und 12 den schwersten Orkan bezeichnet. Mit einer solchen Schätzung ist aber nothwendig eine gewisse Willkür, eine Art

[1]) H. Meyer: Die Winde zu Keitum auf Sylt, zweite Mittheilung, Ann. d. Hydrogr. Bd. 18, S. 63, 1890.

persönlicher Gleichung verbunden, und dadurch wird die Vergleichbarkeit der Ergebnisse aus den Beobachtungen verschiedener Stationen sehr beeinträchtigt. Es gilt z. B. als der Erfahrung entsprechend, dass der Binnenlandbewohner die Windstärke durchgehends etwas höher schätzt, als der Küstenbewohner, und namentlich leichter zu den höchsten Stärkegraden greift. Ferner tritt das individuelle Element gerade wie bei der Schätzung der Bewölkung nicht selten in der Bevorzugung gewisser Stärkegrade andern gegenüber hervor. In der S. 124 folgenden Uebersicht ist angegeben, wie oft in Keitum innerhalb fünf Jahren die einzelnen Stärkestufen der Beaufort'schen Scala geschätzt wurden. Man sieht daraus, dass die Stärke 2 seltener notirt wurde als 1 und 3, was sicherlich nicht in der Natur, sondern in der Gewohnheit des Beobachters seinen Grund hat. Bei den Schätzungen auf Borkum hat sich etwas ähnliches nicht gezeigt.

Nicht viel besser steht es um die Angaben der registrirenden Anemometer; denn es sind auch hier mancherlei Umstände vorhanden, welche die Registrirungen verschiedener Instrumente ihrem absoluten Werthe nach nicht vergleichbar erscheinen lassen. Die Aufzeichnungen dieser Instrumente werden durch die Exposition stark beeinflusst[1]) und werden nicht überall nach denselben Regeln reducirt veröffentlicht. Auch sind die Konstanten desselben Anemometers mit der Zeit schwer controllirbaren Aenderungen unterworfen.

Nehmen wir indessen an, die von einer meteorologischen Station vorliegenden Arbeiten seien unter sich homogen, so bietet sich die Frage dar, was haben wir in dem arithmetischen Mittel aus der Windstärke? und was ist über die Abweichungen der Einzelgrössen von dem Mittelwerthe zu sagen? — Für die Windstärke giebt es eine untere feste Grenze, nämlich 0, eine obere dagegen existirt nicht, nur für die Beaufort-Scala ist eine solche, 12, willkürlich angegeben. Man wird nach Cap. 2 hieraus folgern, dass im Allgemeinen Abweichungen nach der Seite „zu klein", soweit sie überhaupt vor-

---

[1]) Es ist z. B. dadurch, dass auf Borkum das Anemometer um 30 m höher, auf einen alten Leuchtthurm, gebracht wurde, die mittlere Windgeschwindigkeit von 5,4 auf 9,3 m p. s. gestiegen, also um das 1,7fache. Ebenso hat sich dadurch die Häufigkeit der starken und der stürmischen Winde um das 5,0 bezw. 2,4fache gehoben. Vergl. van Bebber: Neue Methode zur Prüfung der Sturmwarnungen. Ann. d. Hydr. 18, S. 310, 1890.

kommen können, häufiger sind als gleich grosse in der Richtung „zu gross“, und dass der Mittelwerth selbst kaum die am häufigsten beobachtete Stärke ist.

Diese Folgerung zu bestätigen, soll die Tabelle 24 a. f. S. dienen, welche folgendermaassen erhalten ist, und welche bereits oben in Fig. 11, S. 25 für die auf Procente umgerechneten Jahressummen der Windgeschwindigkeit eine graphische Darstellung gefunden hat. Ich habe aus den fünf Jahren 1879—80, 1883—85, für welche sowohl die Schätzungen als auch die Anemometer-Registrirungen in „Meteorologische Beobachtungen in Deutschland“ für Keitum veröffentlicht sind, die Beobachtungen nach den Windstärken bezw. Geschwindigkeiten geordnet. Der erste Theil der folgenden Tabelle giebt die Häufigkeit, mit welcher die einzelnen Stärkegrade der Beaufort-Scala notirt worden sind, und der zweite Theil die Häufigkeit der verschiedenen Windgeschwindigkeiten (Meter per Secunde) nach Gruppen von je 1 m Umfang, so dass die mit 0, 1, 2 . . . überschriebenen Kolonnen alle die Registrirungen enthalten, welche zwischen 0,00 und 0,99, 1,00 und 1,99, 2,00 und 2,99 etc., die Grenzen eingeschlossen, liegen; es sind also 0,495, 1,495, 2,495 . . . die den einzelnen Gruppen entsprechenden mittleren Windgeschwindigkeiten. Von den Registrirungen sind nur die benutzt, welche für die den Beobachtungsterminen 8ᵃ, 2ᵖ, 8ᵖ unmittelbar voraufgehenden Stunden angegeben sind. Ueberall sind die Häufigkeitszahlen derjenigen Windstärken, denen die mittleren zunächst liegen, und derjenigen Gruppen, in welche die mittleren Windgeschwindigkeiten hineinfallen, fett gedruckt und die grössten Häufigkeitszahlen durch ein Sternchen ausgezeichnet. Da es hier weniger auf eine Vergleichung der Jahreszeiten unter einander als auf den Gang der einzelnen Zahlenreihen selbst ankommt, erscheint eine Umrechnung auf Procente nicht erforderlich.

Diese Zusammenstellung bestätigt die obige Folgerung durchaus; der Abfall der Häufigkeitscurve von ihrem Scheitel ist nach der Richtung zunehmender Stärken und Geschwindigkeiten viel weniger steil, als nach der entgegengesetzten Richtung, und zwar für alle Jahreszeiten. Die mittlere Windgeschwindigkeit ist keineswegs auch immer die am häufigsten beobachtete.

Es würde offenbar keine Schwierigkeiten haben, für die Windstärke und die Windgeschwindigkeit die Scheitelwerthe abzuleiten, ich glaube aber, man wird davon absehen können, da ja, wie schon

Tab. 24. **Keitum, 5 Jahre, 1879—80, 1883—85.**

Geschätzte Windstärken nach Beaufort. Täglich drei Beobachtungen.
Anzahl der Beobachtungen der einzelnen Stärkegrade.

	0	1	2	3	4	5	6	7	8	9	10	Mittel
Winter .	61	258	259	**283***	226	138	71	37	15	7	1	3,0
Frühling .	29	273	282	**356***	217	133	61	22	2	—	—	2,9
Sommer .	46	334*	326	**329**	201	102	28	10	2	2	—	2,6
Herbst .	29	329*	262	**315**	190	133	50	31	13	3	—	2,8
Jahr . .	165	1194	1129	**1283***	834	506	210	100	32	12	1	2,8

Windgeschwindigkeit, geordnet nach Gruppen von 1 m per Sec. Umfang.
Anzahl der Beobachtungen der einzelnen Gruppen nach täglich drei Terminen.

	0	1	2	3	4	5	6	7	8	9	10
Winter . . .	79	98	115	162*	139	**144**	133	110	114	89	47
Frühling . .	52	99	132	153	181	**186***	152	136	100	66	51
Sommer . .	65	112	150	193*	188	**180**	134	125	98	54	39
Herbst . . .	59	123	139	162	163*	**139**	140	126	99	72	52
Jahr	255	432	536	670	671*	**649**	559	497	411	281	189

	11	12	13	14	15	16	17	18	19	20	Mittel
Winter . . .	48	25	17	12	7	8	3	3	—	2	5,93
Frühling . .	31	17	14	5	2	1	1	—	—	—	5,63
Sommer . .	8	9	5	3	1	1	1	—	—	—	5,08
Herbst . . .	33	22	12	8	5	1	1	4	—	1	5,63
Jahr	120	73	48	28	15	11	6	7	—	3	5,57

erwähnt, Schätzungen und Registrirungen für verschiedene Orte doch nur wenig vergleichbar sind, und man wird sich mit der Bestimmung der Häufigkeit der einzelnen Stärkegrade bezw. der einzelnen Windgeschwindigkeiten begnügen können.

Aus demselben Grunde kann das Ergebniss der Vergleichung der geschätzten Stärkestufen mit der absoluten Windgeschwindigkeit keinen Anspruch auf Allgemeingültigkeit erheben. Das Verhältniss der Stärkegrade der Beaufort-Scale zur absoluten Windgeschwindigkeit kann naturgemäss nur für solche Stationen berechnet werden, an denen die Windgeschwindigkeit gemessen wird, also für solche, welche entweder mit einer Wild'schen Windstärketafel, oder besser mit einem Anemometer versehen sind.

Die Benutzung der Wild'schen Windstärketafel erfordert die Kenntniss der Windgeschwindigkeiten, welche den Erhebungen der Tafel bis zu den einzelnen Stiften entsprechen. Zu einer

Erhebung der Platte bis zum . .	1	2	3	4	5	6	7	8	Stift
gehört eine Windgeschwindigkeit von	0	2	4	6	8	10	14	20	m per Sec.

Eine Vergleichung dieser Notirungen mit den Schätzungen und die Ableitung des Verhältnisses der Beaufort-Scale zur absoluten Windgeschwindigkeit hat keine Schwierigkeiten und bedarf keiner weiteren Erläuterung. Auf diesem Wege hat Mohn[1]) für das Aequivalent der Beaufort-Scale die weiter unten mitgetheilten Werthe erhalten.

Weit häufiger hat man zur Bestimmung dieses Aequivalentes die Angaben der registrirenden Anemometer verwendet. Allein die Resultate, zu denen verschiedene Forscher hierbei gelangt sind, differiren ausserordentlich stark[2]). Es unterliegt keinem Zweifel, dass diese Abweichungen zum Theil in der unvermeidlichen Willkür bei der Schätzung, zum Theil auch auf verschiedenartiger Berechnung der Anemometeraufzeichnungen und der Verschiedenartigkeit der Instrumente beruhen; ein Theil der Abweichungen kommt aber auf Rechnung eines systematischen Fehlers bei der Vergleichung der Schätzung mit der Messung, der darin beruht, dass man bei dieser Vergleichung die Anemometerangaben nach der Grösse der Schätzungen ordnete, während man, wie Köppen[3]) gezeigt hat, gerade umgekehrt verfahren muss. Die Windgeschwindigkeiten, wie sie den Anemometeraufzeichnungen entnommen werden, sind Integralwerthe bestimmter Zeitabschnitte, sie liegen also zwischen den extremen Werthen der Geschwindigkeit während jener Zeitabschnitte. Die geschätzten hohen Momentanwerthe entsprechen dagegen zumeist

---

[1]) Mohn, Windstärke und Windgeschwindigkeit auf norwegischen Leuchtfeuer-Stationen; Ann. d. Hydrogr. 17, S. 365, 1889.

[2]) Vergl. Köppen: On the Equivalent of Beaufort's Scale in absolute Velocity of Wind. Quat. Journ. of the R. Meteor. Society Vol. XI., p. 268, 1885, Meteor. Zeitschr. 3, S. 230, 1886.

[3]) Köppen, Meteor. Zeitschr. 5, S. 239, Fussnote 1, 1888.

einer besonders grossen, die tiefen einer besonders kleinen Geschwindigkeit innerhalb jener Zeit. Wenn man also jene Integralwerthe nach den geschätzten Momentanwerthen ordnet, so werden ihre Differenzen zu klein ausfallen, und die Werthe aller Stufen werden dem Mittel angenähert. „Umgekehrt aber darf man das Mittel vieler zufällig herausgegriffener Momentbeobachtungen als eine richtige Probe (Muster) der betreffenden Stunden ansehen, welche nach ihrem Windwege characterisirt sind, und erhält man also aus einer Anordnung nach Anemometerangaben ein einwurfsfreies Resultat. Will man die den ganzen Graden der Schätzungsscala entsprechenden Windgeschwindigkeiten kennen lernen, so muss man sie aus den gewonnenen Mittelwerthen durch Interpolation ableiten."

Nach dieser strengeren Methode sind bisher erst wenige Reductionen vorgenommen, und es ist daher dringend zu rathen, wo das nöthige Material dazu vorliegt, das Aequivalent der Schätzungsscala zu berechnen.

In den Publikationen der Seewarte bezieht sich die für eine Stunde des Tages angegebene Geschwindigkeit auf die soeben abgelaufene Stunde, ich habe daher bei der Vergleichung der Schätzungen um 8a, 2p, 8p nicht die für diese Stunden angegebenen Geschwindigkeiten benutzt, sondern die Mittelwerthe $\frac{8+9}{2}$ und $\frac{2+3}{2}$. Diese Mittelwerthe wurden mit den ihnen zugehörigen Schätzungen in Gruppen von je 1 m. p. s. Umfang geordnet; die erste Gruppe umfasste alle Werthe von 0,00 bis 0,99, die zweite alle Werthe von 1,00 bis 1,99 u. s. f. Das Mittel aus allen in einer solchen Gruppe enthaltenen Windstärken entspricht alsdann der mittleren Geschwindigkeit eben dieser Gruppe; diese mittleren Geschwindigkeiten sind aber 0,495, 1,495 ... So ist die folgende Tabelle erhalten, in welcher zwischen Windgeschwindigkeit (Meter per Secunde) und Windstärke (Beaufort) noch die Anzahl der Beobachtungen der betreffenden Gruppe eingefügt ist.

Aus dieser Tabelle ist dann durch graphische Interpolation das Aequivalent der Schätzung nach Beaufort's Scala in Metern per Secunde abgeleitet; ich stelle neben diese Werthe die Resultate, welche Waldo[1]) nach derselben Methode aus seinen Beobachtungen

[1]) Waldo: Vergleichung von Beaufort's Scala mit Windgeschwindigkeit. Meteor. Zeitschr. 5, S. 239, 1888.

Tab. 25. **Keitum.** 5 Jahre.

Geschwindigkeit	Anzahl der Beobachtungen	Stärke	Geschwindigkeit	Anzahl der Beobachtungen	Stärke
0,495	234	0,56	10,495	199	5,03
1,495	459	0,97	11,495	114	5,64
2,495	551	1,47	12,495	66	6,20
3,495	661	1,77	13,495	53	6,47
4,495	674	2,30	14,495	28	7,07
5,495	638	2,82	15,495	20	7,60
6,495	547	3,30	16,495	9	7,77
7,495	495	3,72	17,495	7	7,86
8,495	423	4,24	18,495	6	8,83
9,495	273	4,70			

auf dem Atlantischen Ocean, Köppen (l. c.) aus zweijährigen Beobachtungen an den deutschen Küsten und Mohn (l. c.) für die norwegische Küste mit Hilfe der Beobachtungen nach Wild's Stärketafel erhalten hat.

Tab. 26. **Aequivalent der Beaufort-Scala.**

Beaufort-Scale	Meter per Secunde			
	Waldo	Köppen	Mohn	Meyer
1	2,2	2,1	1,5	1,7
2	3,1	3,8	3,2	4,0
3	5,4	5,4	4,9	5,9
4	7,3	7,2	6,7	8,0
5	10,2	9,0	8,7	10,2
6	13,3	11,0	10,7	12,3
7	15,5	13,3	12,8	14,4
8	17,0	15,8	15,1	16,4
9	19,2		17,4	18,5

Die tägliche und die jährliche Periode der mittleren Windstärke wird durch einfache Mittelbildung aus den Einzelwerthen erhalten. Drei tägliche Beobachtungen reichen zur Characterisirung der täglichen Periode zwar nicht aus, es empfiehlt sich aber doch, wenn keine weiteren Beobachtungen vorhanden sind, die jährliche Periode für die drei Termine besonders abzuleiten.

Tab. 27. **Mittlere Windstärke zu Keitum. Beaufort. — 1876—1885.**

	8ᵃ	2ᵖ	8ᵖ	Mittel
Januar . . .	3,0	2,8	3,1	3,0
Februar . .	3,1	3,3	3,5	3,3
März . . .	3,2	3,6	3,5	3,5
April . . .	3,0	3,2	3,1	3,1
Mai	2,8	3,3	3,0	3,1
Juni . . .	2,7	3,2	2,6	2,8
Juli	2,7	3,3	2,6	2,9
August . . .	2,7	3,0	2,6	2,8
September . .	2,5	2,9	2,7	2,7
October . .	2,9	3,3	3,4	3,2
November . .	2,9	3,1	3,4	3,1
December . .	3,1	3,0	3,2	3,1
Jahr . . .	2,9	3,2	3,1	3,0

Weit besser ist die tägliche Periode natürlich darzustellen, wenn stündliche Registrirungen der Windgeschwindigkeit vorhanden sind. Die Untersuchung des täglichen Ganges und seiner Aenderungen im Laufe des Jahres auf Grund solcher Windregistrirungen bietet das grösste Interesse und ist in neuerer Zeit wiederholt und ausführlich behandelt worden.[1]) Dabei hat sich eine Menge von Resultaten ergeben, welche zum Theil noch der Bestätigung bedürfen.

Zunächst tritt uns die Frage nach der Amplitude der täglichen Periode und deren Maass entgegen. In der Regel bezeichnet man in der Meteorologie als Amplitude die Differenz zwischen

[1]) Ich nenne hier nur: Hjeltström: Om den dagliga Förände	ringen i Vindens Hastighet, Upsala 1877. Hann: Die tägliche Periode der Geschwindigkeit und der Richtung des Windes, Wiener Sitzungsberichte, mathem.-naturw. Klasse, Bd. 79, Abth. 2, 1879. Der tägliche und jährliche Gang der Windgeschwindigkeit und der Windrichtung auf der Insel Lesina, Ann. d. Hydr. 16, S. 30 u. 287, 1888. Köppen: Die tägliche Aenderung der Windstärke über dem Lande und dem Meere, Ann. d. Hydr. 11, S. 625, 1883. Hamberg: Sur la variation diurne de la force du vent, Bihang till K. Svenska Akademiens Handlingar, 1. Bd. 5, No. 24, 1880. 2. Bd. 6, No. 5, 1881. 3. Bd. 8, No. 7, 1883. In der Einleitung dieser letzten Abhandlung findet man die einschlägige Literatur sehr ausführlich angegeben.

Maximum und Minimum, und es wird daher gut sein, diese Bezeichnung beizubehalten, und wenn man die tägliche Aenderung nach einem anderen Maasse misst, auch einen anderen Namen einzuführen. Eine Aenderung des Maasses der Schwankung kann nun wünschenswerth oder nothwendig erscheinen, wenn die Abweichungen gross sind im Verhältniss zum mittleren Werthe (wie bei den Niederschlägen), oder auch wenn das beobachtete Mittel selbst zu verschiedenen Zeiten sehr verschiedene Werthe aufweist (wie das bei dem Winde der Fall ist), denn es pflegt die Schwankung einer Grösse zu dieser Grösse selbst in einer gewissen Beziehung zu stehen. Als Maass der Schwankung bietet sich alsdann das Verhältniss der Abweichungen vom Mittel zum Mittel selbst dar, oder auch das Verhältniss der extremen Werthe zu einander, eine Grösse, die man passend die relative Schwankung nennen wird. Ob man nun bei den Windverhältnissen die Amplitude oder die relative Schwankung als maassgebend zu betrachten hat, darüber hat sich zwischen Hamberg einer- und Hann und Köppen andererseits eine lebhafte Polemik entsponnen. Ohne mich auf diese weiter einzulassen, will ich nur einen Punkt anführen, den besonders Köppen (l. c. S. 637) betont hat: „Da die Stärkeperiode jedenfalls zum grösseren Theile durch eine Aenderung des Verhältnisses der Windstärke zu dem sich nicht wesentlich ändernden Gradienten bewirkt ist, so ist die Veränderlichkeit dieses Verhältnisses das Hauptobject der Untersuchung. Sind v_n und v_d die Windgeschwindigkeiten in der Nacht und am Tage bei dem kleinen Gradienten g, V_n und V_d die grösseren Windgeschwindigkeiten bei dem grösseren Gradienten G, so giebt uns der Vergleich der Differenzen $v_d - v_n$ und $V_d - V_n$ durchaus keine Idee davon, in welchem Falle das Verhältniss der Geschwindigkeit zum Gradienten stärker gewechselt hat; um dieses zu ermitteln, muss entweder vor dem Vergleich jede dieser Differenzen durch den entsprechenden Gradienten dividirt werden, oder es müssen statt der Differenzen die Quotienten $\frac{v_d}{v_n}$ und $\frac{V_d}{V_n}$ genommen werden, in welchem Falle man sich von der verschiedenen Grösse des Gradienten unabhängig macht." Diese Ueberlegung dürfte entscheidend sein, zudem hat Hann in seiner zuletzt genannten Arbeit gezeigt, dass die Beziehungen der täglichen Periode der Windgeschwindigkeit zur Windstärke, zur Temperatur und zur Bewölkung bei Benutzung der relativen Schwankung durchweg besser hervortreten, als bei Benutzung der Amplitude. Man wird sich daher für das Verhältniss Maximum zu Minimum als Maass der Schwankung der Windstärke entscheiden, vielleicht aber ist es gut, die Differenz Maximum—Minimum einstweilen noch nebenbei mitzuführen.

Eine derartige summarische Behandlung der Windstärke, wie wir sie bislang behandelt haben, ist aber für eine genaue Characteristik der Windverhältnisse eines Ortes nicht ausreichend. Es hat sich gezeigt, dass die tägliche Periode verschieden ist für die verschiedenen Windrichtungen und für Winde verschiedener Stärke, und dass sie wesentlich mitbedingt wird durch die Temperatur und die Bewölkung. Auf alle diese Punkte muss deshalb Rücksicht genommen werden.

Man hat also zunächst neben jener summarischen Darstellung der täglichen Periode diese auch in ganz derselben Weise für mindestens acht Windrichtungen abzuleiten. Die Berücksichtigung der Geschwindigkeit geschieht in der Weise, dass man die Wege berechnet, welche die verschiedenen Winde in derselben Zeit zurücklegen. Diese Windwege sind durch die Summen der Geschwindigkeiten direct gegeben, wenn diese in Kilometern pro Stunde vorliegen; ist die Geschwindigkeit aber durch Meter pro Secunde definirt, so hat man die Metersummen sämmtlich mit 3600 zu multipliciren, um die wahren Windwege in Metern zu erhalten; da aber hierdurch der Gang der Zahlen nicht geändert wird, so kann man diese Multiplication auch unterlassen. — Dividirt man alsdann den Weg jedes Windes durch seine Häufigkeit zu der betreffenden Stunde, so erhält man die tägliche Periode der mittleren Geschwindigkeit für die einzelnen Windrichtungen.

Derartige ins Einzelne gehende Untersuchungen der täglichen Periode der Windgeschwindigkeit sind aber nur lohnend, wenn man stündliche Registrirungen zur Verfügung hat, ich glaube daher hier nicht näher darauf eingehen zu sollen.[1])

Ein besonderes Interesse beanspruchen die starken und die stürmischen Winde, und deshalb sei ihre genauere Behandlung hier besonders empfohlen. Zu den starken Winden rechnen wir die mit

---

[1]) Vergl. Hann: Der tägliche und jährliche Gang der Windgeschwindigkeit und der Windrichtung auf der Insel Lesina, Ann. d. Hydrogr. 16, S. 30 und 287, 1888. — H. Meyer: Die Winde zu Keitum auf Sylt, Ann. d. Hydrogr. 18, S. 63 und 289, 1890.

10 m per Sec. und mehr. Die Untersuchung ist im Allgemeinen nach denselben Gesichtspunkten zu führen wie die der Winde überhaupt. Stehen auch synoptische Karten zur Verfügung, so wird man die Stürme mit den zugehörigen Depressionen, deren Tiefe und Zugrichtung in Beziehung zu bringen suchen, doch sind diese Fragen von mehr meteorologischem Interesse und daher hier nicht weiter zu besprechen. — Wie übrigens auch die Stärkeschätzungen zu einer Behandlung der Stürme benutzt werden können, das hat kürzlich Sresnewskij[1]) gezeigt. Dabei kommt es vor allem darauf an, diejenige Windstärke zu bestimmen, bei welcher man einen Wind als Sturm bezeichnen will, die sogen. Sturmnorm. Ohne weiter hierauf einzugehen, will ich nur bemerken, dass Sresnewskij, wie es scheint mit gutem Erfolg, bei der Bestimmung der Sturmnorm statt der ältern Annahme, dass an benachbarten Stationen Stürme gleichzeitig auftreten, die setzt, dass an benachbarten Stationen Stürme gleich häufig sind. Der Betrag der Sturmnorm ist dann allerdings an verschiedenen Stationen sehr verschieden. Für die deutschen Küsten hat van Bebber[2]) kürzlich die Sturmnormen nach den Anemometeraufzeichnungen bestimmt. Indem die untere Grenze der Geschwindigkeit eines stürmischen Windes für das Hamburger Anemometer zu 15 m p. s. angenommen wurde, ergaben sich für die Anemometer der Normalstationen der Seewarte folgende Werthe der Sturmnorm:

Borkum . .	21 m p. s.	Hamburg . .	15 m p. s.
Keitum . .	13 „ „ „	Wilhelmshaven	16 „ „ „
Kiel . . .	13 „ „ „	Swinemünde .	13 „ „ „
Wustrow . .	15 „ „ „	Memel . . .	13 „ „ „
Neufahrwasser	10 „ „ „		

Wie man sieht, sind diese untern Grenzen sehr verschieden. Es liegt das zum grossen Theil daran, dass, wie schon erwähnt, die Angaben der Anemographen ganz ausserordentlich durch die Ex-

[1]) B. Sresnewskij: Die Stürme auf dem Schwarzen und dem Asowschen Meere, Repert. f. Meteor. XII., No. 7, Petersburg 1889.

[2]) van Bebber: Eine neue Methode der Prüfung von Sturmwarnungen und Ergebnisse der Sturmwarnungen an den deutschen Küsten im Jahre 1889; Monatliche Uebersicht der Witterung 1889, Beiheft II, Ann. d. Hydrogr. 18, S. 310, 1890.

position beeinflusst werden. Hat man aber einmal für eine Station die Sturmnorm abgeleitet, so hat man nun, so lange die Aufstellung und die Umgebung des Anemometers ungeändert bleiben, ein objectives Mittel zur Entscheidung, ob ein Wind als stürmisch zu zählen ist oder nicht, was für manche Zwecke, z. B. für die Prüfung des Eintreffens von Sturmwarnungen, sehr erwünscht sein kann. Es gelten also die angegebenen Werthe für die Sturmnorm auch nur für die jetzige Exposition der betreffenden Anemographen.

---

12. Der Niederschlag.

Unter Niederschlag verstehen wir im Folgenden alle Ausscheidungen des Wasserdampfes aus der Atmosphäre: Regen, Schnee, Hagel, Graupeln, Nebel, Reif und Rauhfrost.

Das Fundament für die Darstellung der Niederschlagsverhältnisse eines Ortes liefert die Niederschlagsmenge. Darunter verstehen wir die Höhe der Schicht, mit welcher der gesammte während eines bestimmten Zeitabschnitts (Stunde, Tag, Monat etc.) gefallene Niederschlag den Erdboden bedecken würde, wenn kein Einsickern und kein Verdunsten stattfände. Schnee, Hagel und Graupeln sind in geschmolzenem Zustand gemessen; Nebel giebt fast nur in Gebirgen und in der Nähe von Meeren oder grösseren Seen, Reif und Rauhfrost nur in Gebirgen und in polaren Gegenden messbare Mengen. Bei Angaben über die Niederschlagsmenge oder Höhe nehmen wir auf die Natur des Niederschlags keine Rücksicht und verstehen, wo nicht das Gegentheil gesagt ist, auch unter Regenhöhe gelegentlich die Menge des geschmolzenen Schnees etc. Wir brauchen also Niederschlag und Regen, sowie Menge und Höhe in der Regel als Synonyma.

Die Regentafeln enthalten in erster Linie die *mittleren Niederschlagsmengen der einzelnen Monate*, und zwar fast immer nach den directen Beobachtungen. Diese Werthe sind aber nicht ohne Weiteres vergleichbar; denn die Monate haben verschiedene Länge, und es wird cet. par. dem längern Monate eine grössere Regenmenge zukommen. Um also die jährliche Periode der Niederschlagshöhe rein zu erhalten, hat man die verschiedenen Summen auf gleiche Länge der Monate zu reduciren, es kann das dadurch geschehen, dass man die Regenhöhe der Länge des Monats proportional setzt. Quetelet[1]) und Kreil[2]) geben in ihren Tabellen die Regenhöhe pro Monatstag an, sie dividiren also die mittleren Monatssummen bezw. durch 28,25, 30 und 31. Renou[3]) reducirt die Monate auf die Normallänge von $\left(\frac{365,25}{12} =\right)$ 30,44 Tagen. In meiner Untersuchung über die Niederschlagsverhältnisse von Deutschland[4]) habe ich den Monat von Normallänge zu 30 Tagen angenommen, und ich will diese Bestimmung auch hier beibehalten, weil sie etwas bequemer, wenn auch etwas weniger exact als die von Renou ist. Das Monatsmittel des Februar ist dabei mit 1,06, das der Monate mit 31 Tagen mit 0,95 zu multipliciren.

Auch hier kann man sich den directen Beobachtungen noch enger anschliessen, wenn man den 31. Januar und den 1. März zum Februar rechnet, dann bedürfen die ersten vier Monate des Jahres keiner weitern Umrechnung.

Die angegebene Reductionsmethode dürfte deshalb den Vorzug vor der von Quetelet und Kreil befolgten verdienen, weil sie unserer bisherigen Betrachtungsart näher liegt, da sie aber noch keineswegs allgemein üblich ist, so versäume man nicht, um Irrungen zu vermeiden, anzugeben, ob die Monatsmittel reducirt sind oder nicht. Als Jahressumme ist natürlich die Summe der nicht reducirten Monatsmittel anzugeben.

Es ist vollkommen ausreichend, auch bei den längsten Reihen die Angaben nur bis auf Millimeter genau zu machen; denn die Messungen selbst sind nicht genau genug, um die Zehntel noch zu verbürgen.[5]) Doch wird man gut thun, die Abrundung auf ganze Millimeter erst in den berechneten Mittelwerthen vorzunehmen.

Die Vergleichung der jährlichen Regenperiode für verschiedene Orte wird sehr erleichtert, wenn man die den einzelnen Monaten entsprechenden reducirten Niederschlagshöhen in Procenten der

[1]) A. Quetelet: Climat de la Belgique, V. Partie, Ann. de l'observatoire de Bruxelles t. IX., p. 3, 1852.

[2]) Kreil: Klimatologie von Böhmen, S. 43, Wien 1865.

[3]) E. Renou: Etude sur le climat de Paris, II. Partie; Ann. du Bureau Central Météorologique de France I, p. 259—277, 1885.

[4]) H. Meyer: Archiv der Deutschen Seewarte XI., No. 6, 1888.

[5]) Riggenbach: Die bei Regenmessungen wünschbare und erreichbare Genauigkeit. Verhandl. der naturf. Ges. in Basel Theil VIII., S. 579, 1888.

Gesammtmenge (Summe der reducirten Werthe) ausdrückt. Dabei mag man die Zehntel Millimeter mit berücksichtigen, wie es in der Colonne 2 der S. 137 folgenden Mustertabelle geschehen ist.

Die Niederschlagshöhe gehört nun zu jenen meteorologischen Elementen, für welche eine feste untere Grenze besteht, während eine obere Grenze nicht vorhanden ist. Demnach werden wir zu erwarten haben, dass im Allgemeinen das arithmetische Mittel grösser ist als der am häufigsten beobachtete Werth, und dass die positiven Abweichungen der Einzelwerthe vom Mittel seltener und daher grösser sind als die negativen. Diese Erwartung wird, wie wir schon oben S. 31 gesehen haben, durch die Erfahrung bestätigt, auch für solche Gegenden, wo regenlose Monate nicht vorkommen.

Es hätte demnach ein grosses Interesse, den Scheitelwerth kennen zu lernen. Allein es erfordert das, wenn wir diesen für die Monatsmittel bestimmen wollen, Reihen von Beobachtungsjahren, über die wir nicht verfügen. Selbst die längsten Reihen, die wir besitzen, lassen nur eine ungefähre Vorstellung von der Anordnung der Einzelwerthe um das arithmetische Mittel gewinnen. Da aber die Asymmetrie der Vertheilung der Einzelwerthe bei der Niederschlagshöhe sehr bedeutend ist, so kommt das allgemeine Gesetz doch schon bald zum Vorschein. So habe ich z. B. für die von Plantamour[1]) publicirten fünfzigjährigen Genfer Regenmessungen für die extremen Monate Februar und October nach Gruppen von je 10 mm Umfang geordnet und nebenstehende Reihen bekommen (Tab. 28).

Man erkennt daran, dass, wie zu erwarten, die Einzelwerthe sich um einen Punkt, welcher zwischen dem arithmetischen Mittel und der unteren Grenze liegt, dem Scheitelwerth, zusammendrängen, und dass der Einfluss der untern Grenze auf die Anordnung der Einzelwerthe selbst im regnerischsten Monate noch deutlich erkennbar ist.

Weiter unten werden wir sehen, dass die Verhältnisse für die mittlere Niederschlagsmenge eines Regentages ganz ähnlich liegen. Ein Tag mit einer Regenmenge gleich der mittleren zählt zu den sehr ergiebigen Regentagen, die erdrückende Mehrzahl aller Tage mit Niederschlag bringt bei uns erheblich weniger, als man nach dem Mittelwerth etwa erwarten möchte.

---

[1]) Plantamour: Nouvelles Études sur le Climat de Genève, Mém. de la Soc. de Phys. et d'Hist. nat de Genève, t. 24, p. 648, 1876.

Tab. 28. **Häufigkeit der Gruppen gegebener Niederschlagshöhen von Genf nach der Grösse.** 50 Jahre.

Gruppen	Februar	October
Von 0 mm bis 9 mm	5	—
„ 10 „ „ 19 „	12	1
„ 20 „ „ 29 „	10	1
„ 30 „ „ 39 „	6	5
„ 40 „ „ 49 „	3	2
„ 50 „ „ 59 „	5	2
„ 60 „ „ 69 „	3	4
„ 70 „ „ 79 „	—	4
„ 80 „ „ 89 „	5	7
„ 90 „ „ 99 „	—	5
„ 100 „ „ 109 „	—	3
„ 110 „ „ 119 „	—	—
„ 120 „ „ 129 „	—	1
„ 130 „ „ 139 „	—	5
„ 140 „ „ 149 „	1	1
„ 150 „ „ 159 „	—	2
160 mm und mehr	—	7
Mittel	37 mm	101 mm

In Betreff der monatlichen Regenhöhen folgt hieraus, da eine genaue Bestimmung des Scheitelwerthes nicht angänglich, dass es zum mindesten wünschenswerth ist, zunächst die Anzahl der Δ_+ und der Δ_- in die Tabellen aufzunehmen. Für Gegenden mit zeitweise regenlosen Monaten muss das sogar nothwendig erscheinen, wenn man ein ganz schiefes Bild der Regenverhältnisse vermeiden will. Supan[1]) hat vorgeschlagen, für solche Gegenden „die Wahrscheinlichkeit gänzlicher Regenlosigkeit“ zu berechnen, ein Vorschlag, der gewiss Beachtung verdient, aber noch nicht gefunden hat.

Die Differenz der mittleren Regenmenge des durchschnittlich regenreichsten und des durchschnittlich regenärmsten Monats giebt die Amplitude der jährlichen Periode (für Borkum: October

1) Supan: Petermanns Mittheilungen Bd. 32, Litteraturverzeichniss S. 36, No. 132, 1886.

bis Mai = 52 mm), das Verhältniss beider zu einander liefert die relative jährliche Schwankung (für Borkum 2,3).

Die mittlere Abweichung der monatlichen Regenmengen hat man bislang wie bei den übrigen klimatischen Factoren in der Weise berechnet, dass man die Abweichungen der Einzelwerthe vom arithmetischen Mittel ohne Rücksicht auf das Vorzeichen addirte und die Summe durch die Zahl der Einzelwerthe dividirte. Da aber nach Obigem die Anzahl der Δ_+ und demnach auch die Grösse der Δ_+ ganz merklich von der der Δ_- abweicht, so berechnen wir die mittlere positive und die mittlere negative Anomalie jede für sich. Dadurch bekommen wir eine obere und eine untere Grenze, zwischen denen die Niederschlagshöhe durchgehends zu schwanken pflegt. Die mittlere Höhe wird der unteren Grenze näher liegen als der oberen.

Die Reduction der monatlichen Niederschlagsmengen auf Monate von Normallänge werden wir in der Regel erst bei den Mittelwerthen vornehmen, und nur ausnahmsweise werden bereits reducirte Beobachtungsreihen vorliegen. Daher werden wir die Δ_+ und die Δ_- für die nichtreducirten Werthe bilden. Wir können das um so eher thun, als wir doch bei diesen Werthen nicht stehen bleiben wollen. Es wird nämlich im Allgemeinen der Betrag der mittleren Abweichung einer Anzahl von Einzelwerthen vom Mittel mit diesem Mittel selbst in einem gewissen Zusammenhang stehen (vergl. S. 129). Wir werden daher der Natur besser entsprechende Werthe vor uns haben, wenn wir die mittleren Abweichungen durch die Grösse, auf welche sie sich beziehen, messen, wenn wir also statt der mittleren Abweichungen selbst die Quotienten derselben durch den Mittelwerth betrachten, d. h. die mittleren relativen Abweichungen. Das wird um so mehr angezeigt erscheinen, wenn wie beim Niederschlag die Abweichungen gross sind im Vergleich zu dem Werthe, bezüglich dessen sie gebildet sind. Wenn wir nun, wie wir vorhin annahmen, zur Bildung der Abweichungen die nicht reducirten Werthe benutzten, so haben wir nun bei der Ableitung der relativen Abweichung als Divisoren auch die nicht reducirten mittleren Monatsmengen des Niederschlags zu wählen, dann ist das Resultat wieder von der verschiedenen Länge der Monate unabhängig. So sind die Colonnen 5 und 6 unserer Tab. 29 erhalten.

Zur weiteren Vervollständigung der Regentafeln gehört die Mittheilung der absoluten Extreme. Sie stellen sich zu den

Mittelwerthen gerade so wie die mittleren Abweichungen: die Extreme nach der Seite des zu viel sind durchweg bedeutender als die nach der Seite des zu wenig. Allerdings ist auch bei ihnen die verschiedene Länge der Monate von Einfluss, doch wie es scheint, nicht bedeutend, so dass man darauf, in unsern Gegenden wenigstens, wohl keine Rücksicht zu nehmen braucht (vergl. meine oben citirte Untersuchung über die Niederschlagsverhältnisse von Deutschland). Es scheint gerathen, statt einer zweifelhaften Reduction lieber keine vorzunehmen, um so mehr als den absoluten Extremen ja doch in erster Linie als directen Beobachtungen Interesse zukommt. — Die Summe der grössten und der kleinsten Abweichung giebt die absolute Schwankung der Regenhöhe für die einzelnen Jahresabschnitte innerhalb einer gegebenen Reihe von Jahren. Auch hierbei nehme ich auf das Verhältniss zum Mittelwerth keine Rücksicht.

Tab. 29. **Niederschlagsverhältnisse zu Borkum. 1876—1885.**

Monate	1	2	3	4	5	6	7	8	9	10	11	12	13
	Reducirte Höhe		Abweichungen				Extreme Werthe		Absolute Schwankung	Wahrscheinlichkeit eines Tages mit mehr als		Dichtigkeit	Grösste Menge in 24 Stunden
			Anzahl der		mittl. relat.		grösster	kleinster					
	mm	%	+	−	+	−	mm	mm	mm	0,0 mm	1,0 mm	mm	mm
Jan. . .	44	5,8	5	5	0,40	0,40	94	16	78	52	32	2,8	22,1
Febr. .	56	7,4	4	6	0,46	0,31	96	25	71	63	42	2,9	21,9
März .	49	6,5	5	5	0,42	0,42	112	10	102	52	37	3,2	20,5
April .	42	5,5	5	5	0,36	0,36	74	9	65	43	24	3,2	25,4
Mai . .	39	5,2	4	6	0,67	0,40	97	6	91	45	28	3,8	16,0
Juni . .	51	6,9	4	6	0,63	0,42	128	11	117	47	31	3,7	30,0
Juli . .	68	9,0	5	5	0,42	0,42	130	3	127	57	39	3,9	32,2
August.	87	11,9	4	6	0,59	0,39	156	30	126	57	40	5,1	31,2
Sept. .	79	10,4	4	6	0,39	0,26	172	41	131	57	42	4,6	31,5
October	91	12,1	4	6	0,39	0,26	170	42	128	67	49	4,5	25,6
Nov. . .	83	11,0	4	6	0,38	0,25	157	38	119	68	51	4,1	22,9
Dec. . .	63	8,4	4	6	0,40	0,27	95	22	74	64	46	3,3	15,2
Jahr . .	764	100	5	5	0,12	0,12	942	589	352	56	38	3,7	32,2

Die mittleren Niederschlagshöhen der einzelnen Monate characterisiren die Regen eines Ortes keineswegs ausreichend. Es müssen auch die Regenmengen bestimmt werden, welche in kürzeren Zeitabschnitten niedergehen, und es muss die Häufigkeit berechnet werden, mit welcher Niederschlag einzutreten pflegt.

Hier fragt es sich zunächst, was man einen „Tag mit Niederschlag" nennen will. Im Beobachtungsgebiet der Deutschen Seewarte wird jeder Tag, an dem Niederschlag, wenn auch in unmessbar kleiner Menge, fällt, als Regentag gezählt, in Süddeutschland und Oesterreich werden als solche nur die mit mehr als 0,1 mm, im Preussischen Stationsnetze nur die mit mehr als 0,2 mm gerechnet; kurz die Definition des Niederschlags-Tages ist in verschiedenen Gegenden sehr verschieden.[1]) Eine internationale Einigung hierüber hat sich noch nicht erzielen lassen. Der bei dem internationalen meteorologischen Comité 1885 zu Paris[2]) von Symons eingebrachte Vorschlag, die englische Schwelle, 0,005 Zoll, als Grenze anzunehmen, ist später von Brückner (l. c. S. 241) wiederholt worden, aber bislang wiederum ohne Erfolg. Da 0,005 = 0,13 nahe = 0,15 mm, so sollte danach in den nach metrischem Maasse messenden Gebieten jeder Tag mit „0,2 mm und darüber" als Regentag gezählt werden. Leider bleibt die Wahl der Definition des Tages mit Niederschlag vorläufig noch einem Jeden überlassen, man darf daher nicht versäumen anzugeben, was man einen Tag mit Niederschlag genannt hat. Brückner (l. c. S. 251, Anm.) und Hann[3]) haben darauf aufmerksam gemacht, dass man bei der Verschiedenheit der Construction der Regenmesser, der Trockenheit des Klimas, der grösseren oder geringeren Sorgfalt des Beobachters doch keine sehr vergleichbaren Resultate erwarten darf, wenn man die Grenze der Regenmenge, welche ein „Tag mit Niederschlag" liefern soll, zu tief ansetzt, und Hann schlägt deshalb vor „neben der in jedem Lande üblichen Zählung der Regentage noch eine Rubrik einzufügen, welche die Anzahl der Tage angiebt, an denen mindestens 1 mm (0,04 inches) an Niederschlag gemessen worden ist." Dadurch wird zwar in Klimaten wie das unsere eine ziemliche Discordanz zwischen den gewöhn-

---

[1]) Vergl. Brückner: Ueber die Methode der Zählung der Regentage etc. Meteor. Zeitschr. 4, S. 250, 1887.

[2]) Vergl. Bericht über die Verhandlungen des internationalen meteorologischen Comités zu Paris 1885; Hamburg 1887, S. 8 u. 48.

[3]) Hann: Die Zählung der Tage mit Niederschlag. Meteor. Zeitschr. 5, S. 39, 1888. Vergl. auch Riggenbach l. c.

lichen Ansichten über Regenhäufigkeit und der Zahl der Regentage (mit mindestens 1 mm) entstehen, aber es kommt doch vor allem darauf an, für alle Theile der Erdoberfläche möglichst vergleichbare Werthe zu erhalten, und desshalb empfiehlt sich Hann's Vorschlag sehr zur allgemeinen Annahme (Col. 11 in Tab. 29).

Wo im Folgenden von einem Regentag kurzweg gesprochen wird, ist immer ein Tag gemeint, an dem mehr als 0,0 mm Niederschlag gemessen wurde.

Statt die mittlere Anzahl der Regentage anzugeben, sollte man wegen der verschiedenen Länge der Monate immer die Regenwahrscheinlichkeit (Anzahl der Regentage eines Monats durch die Gesammtzahl aller Tage) mittheilen, oder, um das Komma zu vermeiden, die Zahl von Regentagen, welche durchschnittlich auf 100 Tage des betreffenden Monats entfallen. In obiger Tabelle ist die Wahrscheinlichkeit eines Regentages nach den beiden letzten Definitionen für Borkum angegeben, dabei sei bemerkt, dass eine so gute Uebereinstimmung in der jährlichen Periode der Regentage nach verschiedener Definition, wie sie sich hier findet, keineswegs allgemein vorkommt.

Die Division der mittleren Niederschlagsmenge durch die mittlere Anzahl der Regentage (mehr als 0,0 mm) liefert die mittlere Niederschlagsdichtigkeit oder Regenintensität. Die Bedeutung dieses Factors ist vielfach überschätzt worden. Da wir ihm aber relativ häufig in klimatischen Tabellen begegnen, und wir also von ihm schon einige Kenntniss besitzen, so ist zu wünschen, dass er auch in Zukunft berücksichtigt werde. Es sei hier aber ausdrücklich vor dem Irrthum gewarnt, dass die Regendichte auch nur annähernd diejenige Menge sei, welche an einem Tage mit Niederschlag wahrscheinlichst zu erwarten ist; diese Menge ist ganz erheblich kleiner (vergl. unten). Für alle auf die Niederschlagshöhe bezüglichen Werthe gilt die Regel, dass der Scheitelwerth kleiner ist als das arithmetische Mittel.

Von entschieden grösserem Interesse als die Niederschlags-Dichtigkeit ist die grösste Niederschlagsmenge innerhalb eines Tages. Diese sollte unter Beifügung der Beobachtungsjahre in keiner Regentafel fehlen. Ist man in der Lage, über die Zeit, in welcher bedeutende Regenmengen fielen, genauere Angaben zu machen, so sind diese sehr willkommen; denn für manche Fragen, z. B. der Hydrotechnik, ist es gerade von Belang, die Wassermengen zu kennen, welche innerhalb kürzerer Zeitabschnitte als ein Tag bei intensiven Regengüssen niedergehen.

Die bisher besprochenen Werthe sind in Tab. 29 S. 137 für Borkum zusammengestellt; man wird sie für die Characterisirung der periodischen Aenderungen der Niederschläge eines Ortes als nothwendig bezeichnen müssen. Es ist aber dringend zu empfehlen, wenn irgend thunlich, näher auf die Einzelheiten der Regen einzugehen und zunächst die Häufigkeit zu bestimmen, mit welcher gewisse Schwellenwerthe von den Niederschlagsmengen eines Tages überschritten werden. Man gelangt dadurch u. a. auch zu einer richtigen Würdigung der Niederschlagsintensität. Es ist in dieser Hinsicht bislang sehr wenig gearbeitet, aber das Wenige bietet schon eine Fülle des Interessanten. Ein scharfes Bild der Regenverhältnisse wird man nur auf diesem Wege erhalten können. Die dazu erforderliche Arbeit ist nicht so gross und nicht so abschreckend, als es auf den ersten Blick erscheinen mag, jedenfalls kommt sie im Vergleich zu dem Werth der Resultate nicht in Betracht. Freilich bedarf es, um anschauliche und zuverlässige Zahlen zu erhalten, langer Beobachtungsreihen, im Allgemeinen um so längerer, je grösser die Anzahl der Schwellen ist. Beschränkt man sich aber, was für die Orientirung auf diesem Gebiete zunächst ausreicht, auf die für die Jahreszeiten und das Jahr giltigen Werthe, so lohnt sich auch schon die Bearbeitung kürzerer, etwa 10jähriger Reihen. Die Wahl der Schwellenwerthe ist der Willkür jedes Einzelnen überlassen, doch wäre zu wünschen, dass möglichst überall dieselbe getroffen würde.

Bei den nach Millimetern messenden Stationen ist ja die Zehntheilung die nächstliegende: 1, 5, 10, ... Auf den ausgedehntesten Gebieten der Erde ist aber die englische Messung nach Zollen in Gebrauch, daher empfehlen sich wohl am meisten die Schwellen

1 mm 5 mm 10 mm 25 mm,

welche nahe gleich sind

0,01 0,2 0,4 1,0 engl. Zoll.[1])

---

[1]) Blanford hat (Climates and Weather of India p. 260—262, London 1889) für Calcutta, Lucknow, Lahore, Nagpur, Bombay und Madras die Regentage nach Schwellenwerthen ausgezählt. Die Resultate haben jedenfalls nicht nur für den Techniker Interesse, sie sind auch zur Vergleichung

Die Art der Verarbeitung des Materials ist ganz dieselbe wie bei der Bestimmung des Scheitelwerthes z. B. der Lufttemperatur. Man ordnet die Niederschlagstage nach der Regenmenge in Gruppen und bestimmt die Wahrscheinlichkeit eines Regentages für jede Gruppe oder, was beim Ueberblick über sehr verschiedene Klimate bei relativ grossem Abstand der Gruppengrenzen wohl noch mehr zu empfehlen ist, die Wahrscheinlichkeit eines Regentages von mehr als 0, 5, 10 ... mm Niederschlagshöhe. So bin ich bei Aufstellung der umstehenden Tabelle verfahren, in welche ich neben Borkum noch einige andere Orte mit aufgenommen habe, um zu zeigen, wie sehr derartige Uebersichten geeignet sind, von der Vertheilung namentlich intensiver Regen ein Bild zu geben.

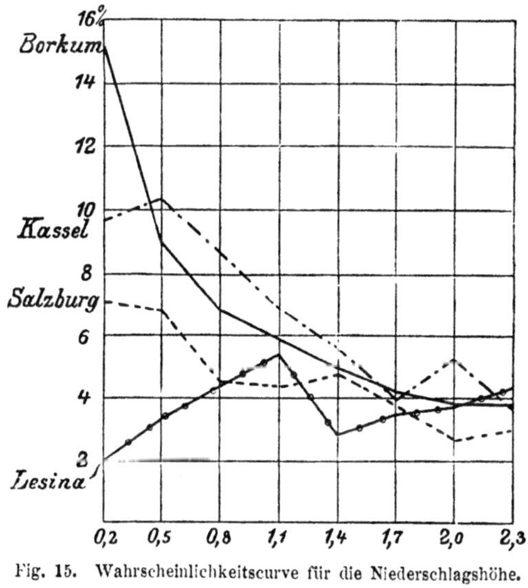

Fig. 15. Wahrscheinlichkeitscurve für die Niederschlagshöhe.

mit anderen Klimaten sehr werthvoll. Die von Blanford benutzten Grenzen sind

	1/4	1/2	1	2	3	5	7 1/2	10 engl. Zoll
oder nahe	6,4	12,7	25,4	50,8	76,2	127,0	190,5	254,0 mm.

H. Hoppe hat in seinem Bericht über den Verlauf der Witterung im Königreich Sachsen 1888 (Deutsches meteor. Jahrb. 1888, Beobachtungssystem des Königr. Sachsen, S. 68) die Tage in solche mit leichten (bis 1,0 mm), mit mässigen (1,1 bis 5,0 mm), mit starken (5,1 bis 10,0 mm) und mit sehr starken (mehr als 10 mm) Niederschlägen geschieden.

Tab. 30. **Wahrscheinlichkeit eines Tages mit mehr als 5, 10, 20, 30 mm Niederschlag in ‰ der Gesammtzahl. 1876—1885.**

	Borkum					Kassel					Kremsmünster				
	W.	F.	S.	H.	Jahr	W.	F.	S.	H.	Jahr	W.	F.	S.	H.	Jahr
Gesammtzahl der Niederschlagstage . . .	536	431	493	584	2044	418	375	424	438	1655	360	396	463	396	1615
‰ Mehr als 5,0	181	204	294	327	255	201	184	340	205	234	328	395	497	407	421
‰ " " 10,0	62	63	118	104	87	72	48	123	77	80	133	159	266	175	193
‰ " " 20,0	4	5	22	17	12	7	6	33	2	12	36	50	93	35	56
‰ " " 30,0	—	—	4	2	1	—	3	14	—	4	8	25	45	8	23
	Salzburg					**Triest**					**Lesina**				
Gesammtzahl der Niederschlagstage . . .	396	460	536	460	1852	233	325	285	325	1168	240	246	116	267	869
‰ Mehr als 5,0	341	400	576	402	439	485	529	586	597	553	525	480	389	533	496
‰ " " 10,0	142	200	366	198	235	313	342	400	434	376	300	236	224	330	281
‰ " " 20,0	35	54	145	61	78	163	135	193	241	181	96	77	95	191	120
‰ " " 30,0	13	20	71	24	34	94	58	105	129	97	42	33	52	105	60

Wie solche Tabellen für kartographische Behandlung der Niederschlagsverhältnisse nutzbar gemacht werden können, bedarf keiner weiteren Erläuterung.

Für die Betrachtung ausgedehnter Gebiete der Erdoberfläche werden ähnliche Tabellen ausreichen, wenn es sich aber um kleinere Flächen handelt, die keine allzu durchgreifenden Verschiedenheiten in der Vertheilung der Niederschläge aufweisen, wird man in der Gruppenbildung weiter gehen und namentlich in dem Bereich der häufigsten Gruppen solche mit engern Grenzen einschieben, um eventuell den Scheitelwerth der täglichen Regenmenge zu ermitteln. Dabei werden allerdings an die Genauigkeit der Regenmessungen ziemlich hohe Anforderungen gestellt. Zu diesem Zwecke habe ich die Niederschlagstage für eine Reihe von Orten nach Gruppen von 0,3 mm Umfang geordnet und die Wahrscheinlichkeit eines Regentages für jede Gruppe berechnet. In tabellarischer Form seien hiervon nur Borkum, Kremsmünster und Triest angeführt, für einige weitere Stationen gebe ich in Fig. 15 S. 141 die Wahrscheinlichkeitscurven des Jahres, welche, wie mir scheint, eine sehr beredte Sprache führen.

Tab. 31. **Wahrscheinlichkeit eines Tages mit gegebener Niederschlagsmenge in Promillen der Gesammtzahl der Regentage. 1876—1885.**

Grenzen der Niederschlagshöhe mm	Borkum					Kremsmünster					Triest				
	W.	F.	S.	H.	Jahr	W.	F.	S.	H.	Jahr	W.	F.	S.	H.	Jahr
0,1—0,3	181	172	158	105	151	33	23	50	35	36	34	37	3	46	31
0,4—0,6	84	116	69	92	90	55	48	41	28	43	34	49	28	25	34
0,7—0,9	61	70	71	65	68	64	66	26	58	52	56	52	56	22	45
1,0—1,2	59	58	79	39	59	67	38	50	56	52	56	40	49	74	55
1,3—1,5	65	44	41	45	50	50	38	37	25	37	21	25	35	40	31
1,6—1,8	49	28	36	50	42	36	30	24	38	32	30	46	42	31	37
1,9—2,1	41	53	32	33	39	47	43	32	33	38	17	18	25	9	17
2,2—2,4	36	39	45	36	38	47	30	22	30	32	34	18	35	28	28

Eine weitere wesentliche Vertiefung unserer Kenntnisse von den Niederschlagsverhältnissen eines Ortes können wir dann erhalten, wenn die Termine bekannt sind, an denen im Momente der Beobachtung Niederschlag fiel.

Köppen[1]) hat die Grundsätze entwickelt, welche für die Auswerthung des Materials nach dieser Hinsicht maassgebend sein müssen: „Wie man aus einigen wenigen Beobachtungen an jedem Tage die mittlere Bewölkung u. s. w. eines Monats berechnet, indem man voraussetzt, dass die übrige Zeit durchschnittlich denselben Character gehabt habe, wie jene herausgegriffenen Beobachtungsmomente, so ist man berechtigt, dieselbe Voraussetzung für das Verhältniss des Regens zur Trockenheit zu machen und anzunehmen,

[1]) Köppen: Zur Characteristik der Regen in Nordwest-Europa und Nord-Amerika. Zeitschr. d. oest. Ges. f. Met. 1880, S. 362 und namentlich Meteor. Zeitschr. 2, S. 10, 1885. — Dass die Kenntniss der Termine mit Niederschlag auch noch nach anderer Richtung fruchtbar werden kann, ist klar. Man findet sich z. B. in der Lage, die mittlere (besser noch vorherrschende) Temperatur, den mittleren Barometerstand, die vorherrschenden Winde etc. während des Regens zu bestimmen und mit den normalen Werthen zu vergleichen, ähnlich wie das Quetelet (Climat de la Belgique V. Partie p. 44) auf Grund von Registrirungen durchgeführt hat. Vergl. unten Cap. 14.

dass die Momente mit Regen einen ebensolchen Bruchtheil der gesammten Zeitmomente überhaupt ausmachen müssen, wie sich die Zahl der Beobachtungsmomente mit Regen zur Zahl aller Beobachtungen überhaupt verhält; mit anderen Worten heisst dieses, dass aus dem letzteren Verhältniss sich direct die wahrscheinliche Gesammtdauer des Regens während einer gegebenen Beobachtungsperiode ergiebt, wenn die Zahl der Beobachtungen nicht zu klein ist und wenn bei der Notirung, ob es bei der Beobachtung regnete oder nicht, völlig unparteiisch verfahren ist und nicht etwa, wie leider häufig geschieht, jeder in der Nähe der Beobachtung fallende Regen auf diese selbst im Tagebuch bezogen ist, wodurch jenes Verhältniss ganz entstellt wird. Hat man einmal die wahrscheinliche Gesammtdauer des Regens, so kann mit Hülfe der Zahl der Tage mit Regen die durchschnittliche Dauer des Regens an einem solchen, und mit Hülfe der Regensumme die durchschnittliche Regenmenge auf eine Stunde mit Niederschlag leicht berechnet werden — Grössen, deren klimatologische Bedeutung Niemand bestreiten wird.

Ist n die Gesammtzahl der Beobachtungen, r die der Beobachtungen mit Regen, N die Gesammtzahl der Stunden in dem betrachteten Zeitabschnitt (Monat), d die Zahl der Regentage resp. Niederschlagstage (Tage mit Regen, Schnee, Hagel oder Graupeln) und h die Niederschlagshöhe in demselben Zeitraum, so ist

$\frac{r}{n}$ die „absolute Regenwahrscheinlichkeit“ (vgl. unten),

$\frac{r}{n}N$ die wahrscheinliche Gesammtdauer der Regen im betrachteten Zeitabschnitt, } beides nach Stunden,

$\frac{Nr}{nd}$ die durchschnittliche Dauer des Regens an einem Regentage, } beides nach Stunden,

$\frac{h}{d}$ die mittlere Niederschlagshöhe an einem Tage mit Niederschlag und

$\frac{hn}{rN}$ die mittlere Regenhöhe während einer Stunde Regens.

Für den Quotienten $\frac{r}{n}$ habe ich den Ausdruck „absolute Regenwahrscheinlichkeit“ vorgeschlagen, weil derselbe sich von dem gewöhnlich als „Regenwahrscheinlichkeit“ bezeichneten Quotienten der Regentage mit der Gesammtzahl der Tage wesentlich dadurch unterscheidet, dass er von der Wahl der Zeiteinheit unabhängig ist.“

Die hier definirten Grössen sind in neuerer Zeit wiederholt und zumeist für ziemlich ausgedehnte Gebiete zum Gegenstand der Untersuchung gemacht worden,[1]) doch können die bislang erhaltenen Resultate nur erst zur allgemeinen Orientirung und zum Beweise für die Brauchbarkeit jener Werthe für klimatologische Zwecke dienen. Bezügliche weitere Arbeiten erscheinen sehr rathsam. Man beachte dabei übrigens, dass bei der Auszählung der Termine mit Niederschlag nur die von solchen Tagen zu berücksichtigen sind, welche man nach der angenommenen Definition als Tage mit Niederschlag rechnet.

Ein werthvolles, wenn auch mühevoll zu benutzendes Material für die Berechnung der absoluten Regenwahrscheinlichkeit und der damit zusammenhängenden Grössen findet sich in den telegraphischen Wetterberichten der verschiedenen Länder. In denselben beziehen sich alle Angaben auf den Moment der Beobachtung. Dabei aber darf man nicht versäumen, für jeden Ort auch die Tage bezw. Termine, auszuziehen, für welche das Wettertelegramm nicht eingegangen ist, und die nicht selten ziemlich beträchtliche Zahl derselben von der Gesammtzahl aller Beobachtungen in Abzug zu bringen. Weiteres Material bieten die von der k. k. Centralanstalt für Meteorologie und Erdmagnetismus in Wien herausgegebenen Jahrbücher. In denselben sind die Termine mit Niederschlag bei der Bewölkung seit 1880 für die meisten Stationen, deren Beobachtungen in extenso publicirt werden, markirt. Diese Methode ist dann später auch vom Preussischen Institut befolgt worden. Eine solche Bezeichnungsart der Termine mit Niederschlag ist für die weitere Bearbeitung sehr bequem. Infolge einer Empfehlung des internationalen meteorologischen Comités haben dann auch zahlreiche andere Institute in dieser oder in anderer Weise die Thatsache, dass zur Zeit der Beobachtung Niederschlag fiel oder Nebel herrschte, in ihren Publicationen zum Ausdruck gebracht.

Als Beispiel wähle ich in folgender Tabelle nicht Borkum, sondern Göttingen, weil hier $24^1/_2$jährige ununterbrochene Beobachtungen

[1]) Köppen l. c; Mohn: Studier over Nedbørens Varighed og Taethed i Norge. Christiania Videnskabs-Selskabs Forhandlingar 1888 No. 12; H. Meyer: Die Niederschlagsverhältnisse Göttingens, Meteor. Zeitschr. 4 S. 415, 1887 und Die Niederschlagsverhältnisse Deutschlands, Archiv der Deutschen Seewarte XI., No. 6, 1889.

zur Verfügung stehen, welche die für die Monate gültigen Werthe wohl schon mit einiger Zuverlässigkeit ergeben. Hat man nur kürzere Reihen zur Verfügung, wird man sich einstweilen mit den Jahreszeiten begnügen.

Tab. 32. **Niederschlagsverhältnisse von Göttingen.**
(December 1856 bis Juni 1881.)

	Absolute Niederschlags-Wahrscheinlichkeit				Wahrscheinliche Gesammtdauer	Mittlere Dauer an einem Regentag	Mittlere Höhe	
	6a	2p	10p	Mittel	Stunden	Stunden	an einem Regentag mm	in einer Regenstunde mm
Januar . . .	0,107	0,111	0,105	0,108	80,0	5,8	2,5	0,44
Februar . .	0,147	0,134	0,123	0,135	91,5	6,4	2,6	0,41
März . . .	0,102	0,102	0,153	0,119	80,6	4,9	2,4	0,45
April . . .	0,079	0,063	0,067	0,070	49,9	4,0	2,8	0,69
Mai	0,066	0,065	0,054	0,062	45,8	3,4	3,0	0,88
Juni	0,069	0,071	0,068	0,069	49,9	3,6	4,0	1,14
Juli	0,054	0,055	0,081	0,063	47,0	3,0	4,3	1,43
August . . .	0,055	0,060	0,069	0,061	45,7	3,1	4,5	1,46
September . .	0,044	0,060	0,069	0,051	41,7	3,5	3,5	1,11
October . .	0,077	0,070	0,083	0,077	56,6	4,2	3,3	0,78
November . .	0,135	0,113	0,101	0,116	83,7	5,7	3,1	0,54
December . .	0,133	0,148	0,123	0,135	100,1	6,3	2,5	0,40
Jahr . . .	0,089	0,086	0,089	0,088	772,5	4,5	3,2	0,81

In fast allen Publicationen, welche überhaupt Markirungen der Momente mit Niederschlag enthalten, finden sich diese nur bei den täglichen Terminen. Nur in dem Deutschen meteorologischen Jahrbuch, Beobachtungssystem des Königreichs Sachsen, finden sich für 1887 zweistündliche, für 1888 stündliche Beobachtungen von Wind, Bewölkung und Niederschlag zu Chemnitz nach dem Depeschenschema, das sich auch für derartige Veröffentlichungen als sehr practisch erweist, mitgetheilt, und dabei sind die Termine mit Niederschlag besonders ausgezeichnet. Diese Publicationen sind sehr werthvoll, hoffentlich werden sie fortgesetzt; man erhält dadurch die Mittel, die tägliche Periode der absoluten Niederschlagswahrscheinlichkeit zu bestimmen, und zu prüfen, wie sich das Mittel aus den drei täglichen Beobachtungen zum wahren Tagesmittel stellt.

Der Regen ist zwar die verbreitetste Form des Niederschlags, aber bei grösserer Erhebung und selbst noch in mässigen Breiten ist doch der Schnee wenigstens in der kälteren Hälfte des Jahres so häufig, dass er neben dem Regen eine besondere Berücksichtigung verdient. In erster Linie kommt die Häufigkeit des Schneefalls in Betracht.

Als Tag mit Schneefall zählen wir dabei jeden Tag, an dem Schnee wenn auch nur in wenigen Flocken gesehen wurde. Die Wahrscheinlichkeit des Schneefalls wird in derselben Weise berechnet wie die von Niederschlag überhaupt. Daneben sind anzugeben die mittleren und extremen Termine des letzten und des ersten Schneefalls im Jahre und die dazwischen liegende mittlere und extreme schneefreie Zeit.

Die ganz hervorragende Bedeutung, welche in klimatologischer Hinsicht der Schneedecke zukommt, ist erst in neuester Zeit hinreichend gewürdigt.[1] Es fehlt noch sehr an systematischen Beobachtungen in dieser Hinsicht und noch mehr an Veröffentlichung derselben:[2] um so wichtiger erscheint es daher, alles vorhandene Material ans Licht zu ziehen.

Für die Ebene kommt die Dauer, die Höhe und möglichst auch die Ausbreitung in Betracht, in Gebirgen ausserdem noch das allmälige Herabsinken im Herbst und das Zurückgehen im Frühling, mit andern Worten die Veränderlichkeit der Schneegrenze. Dabei ist immer die Lufttemperatur mit in Rücksicht zu nehmen, und wo die Temperatur des Erdbodens gemessen wird, da bietet diese eine höchst werthvolle Ergänzung. Es müssen dann aber ausführliche Angaben darüber gemacht worden, wie die Bodentemperatur gemessen wurde, ob unter oder auf dem Schnee, ob der Schnee vor jeder Beobachtung entfernt, oder ob er dauernd von der Stelle, wo

---

[1] Vergl. Woeikof: Der Einfluss einer Schneedecke auf Boden, Klima und Wetter; Penck's Geographische Abhandlungen III, Heft 3, Wien 1889. — Ratzel: Die Schneedecke besonders in deutschen Gebirgen; Forschungen zur deutschen Landes- und Volkskunde IV, Heft 3, Stuttgart 1889. — Birkner: Die Dauer der Schneedecke im Bereiche des sächsischen Erzgebirges. Meteor. Zeitschr. 7, S. 201, 1890.

[2] Die ersten systematischen Messungen sind von Lang im bayrischen Netze veranlasst worden. Regelmässige Publicationen der Beobachtungen über die Schneedecke finden sich meines Wissens bislang auch nur in den „Beobachtungen der meteorologischen Stationen im Königreich Bayern" und im „Jahrbuch des K. sächsischen meteorologischen Instituts."

die Bodentemperatur gemessen wird, fern gehalten wurde, und wenn dieses der Fall, bis zu welchem Umkreise. Letztere Angabe ist namentlich dann wichtig, wenn die Temperatur auch in verschiedenen Tiefen unter der Oberfläche bestimmt wurde.

Werthvoll sind auch Mittheilungen über die Schneedichte, worunter man das Verhältniss der geschmolzenen Wasserhöhe zur Höhe der Schneedecke versteht. Da sich der Schnee allmälig setzt, und namentlich bei wechselndem Thauen und Wiedergefrieren sich die Dichte rasch ändert, so müssen sich die Angaben über die Schneedichte auf täglich wiederholte Bestimmungen stützen.[1])

Die Häufigkeit des Hagel- und Graupelfalls, des Nebels, des Reifs und des Rauhfrostes ist in derselben Weise zu bestimmen wie beim Niederschlag überhaupt; die Menge des ausgeschiedenen Wassers bleibt unberücksichtigt, weil sie nicht genau bestimmt werden kann. Graupeln bestehen aus zusammengeballten Eisnädelchen, dagegen enthält Hagel dichtes, zum Theil vollkommen durchsichtiges Eis. Beide Erscheinungen sollen möglichst getrennt werden.

Schliesslich möge hier auch die Behandlung der Gewitter Platz finden, da dieselben ja doch zumeist von mehr oder minder heftigem Regen eventuell auch von Hagelfällen begleitet sind.

In der Häufigkeit der Gewitter ist die tägliche und die jährliche Periode zu ermitteln, dabei hat man Wetterleuchten auszuschliessen, oder für sich zu behandeln.

Bei der Bestimmung der täglichen Periode hat man sich zunächst zu entscheiden, ob man für dieselbe den Beginn oder die grösste Heftigkeit der Gewitter als maassgebend betrachten, oder ob man die Dauer der einzelnen Gewitter mit berücksichtigen will. Bei gutem Beobachtungsmaterial ist letzteres zu bevorzugen, ist das Material aber unzuverlässig oder ungleichwerthig, so wird man die tägliche Periode besser nach der Häufigkeit des Gewitterbeginns zu den verschiedenen Tagesstunden bestimmen.

Die tägliche Periode ist eine doppelte, wie zuerst v. Bezold[2])

---

[1]) Vergl. Schreiber, Meteor. Zeitschr. 6, S. 141, 1889, und Ratzel, ebd. S. 413.

[2]) v. Bezold: Ein Beitrag zur Gewitterkunde, Pogg. Ann. 136, S. 513, 1869.

gezeigt hat, so dass ein Maximum in den Nachmittagsstunden und ein zweites in der Zeit um Mitternacht eintritt.

Die Lage dieser Maxima ist aber in den wärmeren Monaten eine etwas andere und die Periode eine etwas einfachere als in der kalten Jahreszeit. Im Winterhalbjahr treten, wie es scheint, beide Maxima um einige Stunden früher auf als im Sommersemester und das Nachmittagsmaximum zerfällt im Winter in zwei getrennte. Diese Zweitheilung des winterlichen Nachmittagsmaximums habe ich zuerst bei den langjährigen Göttinger Beobachtungen gefunden und dann auch an den Gewitterbeobachtungen im Reichstelegraphengebiet, im Königreich Bayern und in der Grafschaft Glatz constatirt.[1]) Später ist sie dann auch in den Ergebnissen der Beobachtungen im Preussischen Stationsnetze für 1887[2]) festgestellt worden. Die Existenz zweier Maxima in den Nachmittagsstunden der kälteren Jahreshälfte scheint danach ziemlich sicher, doch wäre es wünschenswerth, dieselben auch in langjährigen Beobachtungen einzelner Orte nachzuweisen, denen eine unverkennbar grössere Beweiskraft innewohnt, als den Gesammtsummen der Beobachtungen zahlreicher Orte aus wenigen Jahren. Ob auch das winterliche Nachtmaximum der Gewitterfrequenz in zwei zerfällt, ist noch ziemlich ungewiss.

Die jährliche Periode der Gewitter zeigt sich, wenn man die Gewitterwahrscheinlichkeit für die Monate berechnet, als eine einfache. Als von Bezold (l. c.) aber die Häufigkeit für halbe Monate bestimmte, zerfiel das Maximum in zwei deutlich getrennte. Seitdem ist dieses doppelte Maximum in Centraleuropa überall gefunden worden, die Eintrittszeiten der Extreme sind aber nicht überall dieselben. Es ist bislang nicht gelungen, diese Verschiedenheit zu erklären, nur ganz im Allgemeinen kann man sagen, dass das erste sommerliche Maximum im Westen etwas später auftritt als im Osten. Bei genauerem Zusehen findet man ausser diesen beiden Hauptmaximis noch zwei weniger scharf ausgebildete, die aber doch in der Natur begründet zu sein scheinen, nämlich ein Frühlingsmaximum (meist im Mai) und ein Herbstmaximum (Ende September oder Anfang October).

---

[1]) H. Meyer: Die Gewitter zu Göttingen 1857—80, Nachr. v. d. K. Ges. d. Wiss. zu Göttingen 1887, S. 290. Meteor. Zeitschr. 5, S. 85, 1888.

[2]) Deutsches Meteorologisches Jahrbuch für 1887, Beobachtungssystem des Königreichs Preussen etc. S. XLII, Berlin 1889.

Es ist durchaus rathsam, die jährliche Periode nach Gewittertagen zu bestimmen, so dass jeder Tag auch dann nur einmal gezählt wird, wenn an demselben mehrere Gewitter stattfanden. Die Entscheidung darüber, ob man es bei der Beobachtung mit einem oder mit mehreren Gewittern zu thun hat, ist häufig gar nicht mit Sicherheit zu treffen, und demnach auch die Zahl der Gewitter nicht mit Sicherheit zu constatiren. Wetterleuchten soll von den Gewittern getrennt werden, nicht weil beide Erscheinungen verschiedener Natur wären, sondern weil die Wahrscheinlichkeit einer Beobachtung von Wetterleuchten von mancherlei Nebenumständen abhängt, welche mit der Erscheinung selbst gar nichts zu thun haben.

Von den andern Perioden, welche man für die Gewitterfrequenz abzuleiten versucht hat, seien hier nur zwei erwähnt. Die eine umfasst 29½ Tage, sie hängt mit der synodischen Umlaufszeit des Mondes zusammen;[1]) die Dauer der andern fällt mit der Rotations-

Tab. 33. **Vertheilung der Gewitterhäufigkeit in Procenten auf die Compasstriche.**

	Beobachtungsjahre	Zahl der Gewitter	N	NE	E	SE	S	SW	W	NW
Frankreich .	1865—77	3239	0,9	1,9	2,6	3,2	11,2	**44,1**	31,2	4,6
Ober-Italien .	1880—81	201	8,7	1,1	1,2	0,3	2,0	13,3	**56,5**	16,9
Mittel- und Unter-Italien			16,1	0,8	0,6	—	—	5,4	**55,0**	22,1
Bayern . .	1881—85	751	5,5	2,9	2,7	4,3	6,5	30,0	**35,5**	12,7
Prag . . .	1840—85	442	4,3	3,9	3,9	8,8	11,1	17,4	**38,2**	12,4
Wien . . .	1853—84	444	11,1	9,5	7,5	8,1	9,0	14,2	**23,8**	16,8
Budapest . .	1861—70	195	**19,1**	8,7	8,2	16,2	12,3	7,2	16,2	12,3
Reichstelegraphengebiet	1882—85	10488	3,4	4,8	5,3	8,4	11,8	**33,5**	22,2	10,5
Telegraphenbezirk Kasan	1880—82	4036	8,1	6,7	7,8	8,1	13,5	20,1	**21,0**	15,7
Götaland . .	1871—75	3544	3,9	6,6	9,7	10,4	17,4	**25,7**	20,4	5,9
Svealand . .		2789	6,6	6,4	8,8	11,3	19,4	**20,9**	18,1	8,5
Norrland . .		1549	6,8	8,0	10,8	15,3	**22,1**	15,4	13,6	8,0

[1]) Die beweiskräftigste Untersuchung über diese Periode ist wohl die von E. Wagner: Einfluss des Mondes auf die Gewitter, Meteor. Zeitschr. 6, S. 299, 1889.

dauer der Sonne zusammen, erstreckt sich also über nahezu 26 Tage. Diese letztere ist durch v. Bezold[1]) aufgefunden und erscheint vom physikalischen Standpunkte aus als äusserst interessant, doch glaube ich nicht näher auf die Berechnungsart derselben eingehen zu sollen, weil es uns hier nur um die klimatologische Bedeutung der Gewitter zu thun ist. Aus demselben Grunde brauche ich mich hier auch nicht auf die dynamische Gewitterforschung einzulassen.

Neben der Periodicität ist die Zugrichtung der Gewitter zu bestimmen. Das geschieht in derselben Weise wie die Bestimmung der Windrichtung, d. h. es wird ein Gewitter dem Compasstrich zugewiesen, auf welchem es heraufzog, und angegeben, wie viele von 100 Gewittern auf die einzelnen Himmelsrichtungen entfallen. In dieser Weise habe ich (l. c.) eine Tabelle zusammengestellt, welche auch hier (a. v. S.) Platz finden mag.

Sind wir hierdurch auch über die Häufigkeit der Zugrichtungen in Centraleuropa im Allgemeinen orientirt, so sind doch ähnliche Zusammenstellungen namentlich für Orte mit langer Beobachtungsdauer sehr erwünscht, theils um obige Resultate zu bestätigen, theils um locale Besonderheiten kennen zu lernen.

Dabei empfiehlt es sich, die Häufigkeit der Zugrichtungen für die einzelnen Monate zu bestimmen, oder wenigstens doch für die kältere und die wärmere Jahreshälfte, wie das z. B. in der Uebersicht a. f. S. für Göttingen geschehen ist.

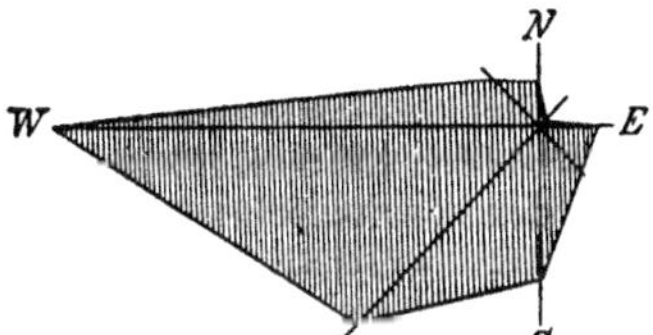

Fig. 16. Windrose der Gewitterfrequenz zu Göttingen.

Das Jahresresultat ist in Fig. 16 in derselben Weise dargestellt, wie man gewöhnlich die Windrose für die Häufigkeit der Winde abbildet (vergl. S. 12).

1) v. Bezold: Ueber eine nahezu 26tägige Periodicität der Gewittererscheinungen; Sitzungsber. d. K. Preuss. Akademie der Wissensch. zu Berlin XXVI, S. 905, 1888.

Tab. 34. **Vertheilung von 262 Gewittern zu Göttingen nach den Compasstrichen, aus denen sie heraufgezogen.**

	N	NE	E	SE	S	SW	W	NW
April	—	—	—	—	—	2	6	—
Mai	2	1	2	5	4	7	12	—
Juni	3	—	4	4	8	13	23	5
Juli	3	—	1	2	12	15	34	6
August	2	—	4	1	10	11	29	—
September	—	—	—	—	1	9	9	2
April bis September . .	10	1	11	12	35	57	113	13
October bis März . . .	—	—	1	—	—	5	3	1
Jahr	10	1	12	12	35	62	116	14
in Procenten	3,8	0,4	4,6	4,6	13,3	23,7	44,3	5,3

13. Der Zusammenhang der Witterungsverhältnisse auf einander folgender Zeitabschnitte und das Uebermaass.

In den voraufgehenden Capiteln haben wir uns in erster Linie mit den periodischen Aenderungen der einzelnen meteorologischen Elemente beschäftigt; die nicht-periodischen Aenderungen, welche unseren Witterungsverhältnissen die Mannigfaltigkeit verleihen und ihnen den Stempel des Unbeständigen aufdrücken, haben wir bisher bei Seite gelassen. Die Regeln, nach denen diese zu untersuchen sind, sind für alle Elemente dieselben, daher schien es rathsam, sie in einem besonderen Capitel zu behandeln.

Die unperiodischen Aenderungen der Witterung haben ihre Ursache in den Aenderungen der physikalischen Verhältnisse der Atmosphäre, und da diese durchweg nur langsam erfolgen, so sind plötzliche Witterungsumschläge nur selten. In der Regel beharrt eine Wetterlage längere Zeit und geht nur allmählich in eine andere über. Es besteht eine Tendenz zur Erhaltung der herrschenden Witterungsverhältnisse, welche mit Ort und Zeit veränderlich ist. Die klimatologische Bedeutung derselben leuchtet von selbst ein.

Die Frage nach der Fortdauer der das Wetter bedingenden Ursachen, oder nach dem Zusammenhang der Witterungsverhältnisse auf einander folgender Zeitabschnitte ist daher schon wiederholt behandelt worden, wenn auch lange nicht so oft, als man bei dem hohen Reiz, der solchen auf die Veränderlichkeit des Wetters gerichteten Untersuchungen unverkennbar innewohnt, erwarten sollte.[1])

---

[1]) Die bezüglichen Arbeiten sind etwas zerstreut und finden sich seltsamer Weise in den Lehrbüchern der Meteorologie meist nur mangelhaft oder garnicht berücksichtigt. Daher stelle ich hier alle Untersuchungen zusammen, welche mir über den fraglichen Gegenstand bekannt geworden sind. O. Eisenlohr: Untersuchungen über den Einfluss des Windes auf den Barometerstand etc. zu Karlsruhe, Heidelberg 1837. — A. Quetelet: Climat. de la Belgique, V Partie, Annales de l'Observ. R. de Bruxelles IX, Bruxelles 1852; Mémoire sur les variations périodiques et non-périodiques de la température, ibid. XVIII, und Météorologie de la Belgique comparée à celle du Globe, Bruxelles 1867. — Kämtz: Ueber den Einfluss des Windes auf die Witterung in Dorpat, Repertorium für Meteorologie I, Leipzig 1859. — E. Quetelet: Mémoire sur la température de l'air à Bruxelles, Ann. de l'Observ. R. à Bruxelles, XXXVI Bruxelles, 1867. — Schiaparelli: Clima di Vigevano, 1868. — Köppen: Die Aufeinanderfolge der unperiodischen Witterungserscheinungen nach den Grundsätzen der Wahrscheinlichkeitsrechnung. Repert. f. Met. II Petersburg 1872. — E. Plantamour: Novelles Études sur Climat de Genève, Mém. de la Soc. de phys. et d'hist. nat. de Genève, t. 24, 1876. — Hann: Ueber die Temperatur von Wien nach 100jährigen Beobachtungen. Sitzungsberichte der Wiener Akademie, mathem. naturw. Classe, Bd. 76, 2 Abth., 1877, Referat in Zeitschr. d. oesterr. Ges. f. Met. 14, S. 431, 1879. — Hellmann: Ueber gewisse Gesetzmässigkeiten im Wechsel der Witterung auf einander folgender Jahreszeiten, Sitzungsberichte der Berliner Akademie 1885. — Fox: On some of the Laws which regulate the Sequence of Mean Temperatur and Rainfall in the Climate of London. Report of the British Association 1885, p. 912. — H. Meyer: Die Witterungsverhältnisse Göttingens. 2ter Theil. Nachrichten v. d. K. Ges. d. Wiss. zu Göttingen 1886, No. 12. Die Niederschlagsverhältnisse von Deutschland, insbesondere von Norddeutschland, Archiv d. Deutschen Seewarte XI, No. 6, Hamburg 1889, und Die Winde zu Keitum auf Sylt, Ann. d. Hydrographie 1890, S. 289. — P. Perlewitz: Temperaturabweichungen und Schwankungen zu Berlin, Programm des Sophien-Real-Gymnasiums zu Berlin 1886; und Untersuchungen über die unperiodischen Temperaturänderungen nach Breslauer Beobachtungen 1791—1786, Meteor. Zeitschr. 5, S. 165, 1888. — Casse: Resultate aus den Beobachtungen meteorologischer Erscheinungen zu Osterode a. H., Programm des Realgymnasiums zu Osterode a. H. 1888. — Buys-Ballot: Uitkomsten van de Reeks van meteorologische Waarnemingen ge-

Das Princip bei derartigen Untersuchungen ist dieses. Es wird die Veränderlichkeit in der Zeitfolge der meteorologischen Elemente empirisch bestimmt und mit der verglichen, welche eintreten würde, wenn der Zufall für die Aufeinanderfolge der Erscheinungen maassgebend wäre. Die hierzu eingeschlagenen Wege sind in mehrfacher Beziehung verschieden. Im Folgenden werde ich zunächst den von Köppen betretenen verfolgen, weil er weitere Ausblicke gewährt als die anderen. Dabei wähle ich als Paradigma die Niederschlagsverhältnisse und behandle die Aufeinanderfolge der Regen- und regenfreien Perioden, es ist danach ohne Weiteres klar, wie sich die Behandlung der anderen klimatischen Factoren gestaltet.

Wir betrachten alle ohne Unterbrechung auf einander folgenden Tage gleichen Characters (Tage mit oder Tage ohne Niederschlag) jedesmal als eine Periode und ordnen diese Perioden nach ihrer Dauer in Tagen, so dass wir für beide Arten von Tagen eine Tabelle erhalten, welche angiebt, wie oft in jedem Monat, in jeder Jahreszeit oder im Jahre während des betrachteten Zeitraumes Perioden von 1, 2, 3 ... gleich beschaffenen Tagen vorgekommen sind. Perioden, welche aus einer Jahreszeit in die folgende hinüberreichen, rechnen wir entweder zu der Jahreszeit, welcher die längere Zeit der Periode angehörte, oder besser und genauer, wir zerlegen die Periode, entsprechend der Anzahl der Tage, welche dem ersten und dem folgenden Jahresabschnitt zukommen, in Bruchtheile, und rechnen zu jedem Jahresabschnitt nur den ihm zugehörigen Bruchtheil der Periode. Wenn also z. B. eine 30tägige Zeit ohne Regen vom 11. April bis 10. Mai andauerte, so notiren wir bei den 30tägigen Perioden $^2/_3$ einer solchen unter April und $^1/_3$ unter Mai. Solche Tabellen geben schon für sich einen integrirenden Theil der Wettergeschichte des Ortes, auf den sie sich beziehen.

Summiren wir in diesen Tabellen die Perioden der einzelnen Zeitabschnitte, und dividiren wir mit der so gewonnenen Gesammtzahl der Perioden in die Zahl der zugehörigen Tage, so erhalten

---

durende 40 Jaren te Utrecht Verslagen en Mededeelingen der Koninglijke Akademie van Wetenschappen (Natuurkunde), 3 Reeks, 6 Deel, Amsterdam 1889. — Riggenbach: Die unperiodischen Witterungserscheinungen auf Grund 111jähriger Aufzeichnungen der Niederschlagstage; Verhandl. d. naturf. Gesellschaft zu Basel IX, S. 63, 1890.

wir die mittlere Länge der Perioden gleichen Characters und haben in dem reciprocen Werthe der mittleren Länge die beobachtete Veränderlichkeit in der Zeitfolge.

Man kann diese Veränderlichkeit auch aus der Anzahl der Witterungswechsel berechnen, welche gleich ist der Summe aller Perioden, der Regen- und der Trockenperioden. Diese Bestimmung ist zwar einfacher als die von uns angewendete, doch gestattet letztere eine weiter gehende Ausnutzung des Materials, und verdient daher den Vorzug (vergl. S. 120).

Die beobachtete Veränderlichkeit in der Zeitfolge muss nun mit derjenigen verglichen werden, welche die Wahrscheinlichkeitsrechnung unter der Voraussetzung liefert, dass die Aufeinanderfolge der Tage verschiedenen Characters durch den reinen Zufall bestimmt wird. Ergiebt diese Vergleichung, dass beide, die beobachtete und die berechnete oder theoretische Veränderlichkeit einander merklich gleich sind, so wird man sagen können, dass die Ursachen, welche die Wetterlage bestimmen, sich nicht über die Dauer eines Tages hinaus erstrecken. Stellt sich dagegen die beobachtete Veränderlichkeit als merklich kleiner heraus als die theoretische, so wird man eine Fortdauer jener Ursachen, eine Tendenz zur Erhaltung der Wetterlage anerkennen müssen.

Die theoretische Veränderlichkeit ergiebt sich auf folgende Weise. Ist S die Gesammtzahl aller Tage, N die Zahl der Tage einer Art (mit Niederschlag), T die der Tage zweiter Art (ohne Niederschlag), so ist die Wahrscheinlichkeit dafür, dass auf einen gegebenen Tag der ersten Art einer der zweiten Art folgt, gleich $\frac{T}{S}$, und die Wahrscheinlichkeit für den entgegengesetzten Wechsel gleich $\frac{N}{S}$.

Man findet nun fast immer (wie auch unsere Tabelle a. f. S. bestätigt), dass die für das Walten des Zufalls berechnete Veränderlichkeit grösser ist als die thatsächliche, aus den Beobachtungen folgende. Auf die Beharrung in den augenblicklich herrschenden Verhältnissen stösst man in der Meteorologie auf Schritt und Tritt, so dass man sie wohl als ein Princip der Meteorologie hinstellen kann.

Die Grösse der Erhaltungstendenz kann nun nicht einfach durch die Differenz der beiden Veränderlichkeiten gemessen werden, da beide in feste Grenzen eingeschlossen sind. Köppen hat daher als

Tab. 35. **Breslau 1876—1885.**

	Perioden mit Niederschlag					Länge der Perioden in Tagen	Perioden ohne Niederschlag				
	Winter	Frühlg.	Sommer	Herbst	Jahr		Winter	Frühlg.	Sommer	Herbst	Jahr
	83	88	95	83	349	1	61	56	61	54	232
	32	37	36	38	143	2	34	36	40,5	45,5	156
	23,6	30,6	28	23,7	106	3	17	26	19	17	79
	13,25	6,75	11	11	42	4	14,75	16,75	21,5	11	64
	5	6	3	2	16	5	8	14,6	15,6	11,8	50
	2,3	3	3,8	4,9	14	6	6	3	6	5	20
	2	1,4	1,6	1	6	7	11,2	6,1	4	7,6	29
	2	1		1	4	8	4	2	3	4	13
	1	—		1	2	9	2,2	3	4	1,8	11
	—	—		—	—	10	1	1,3	1,7	3	7
	—	—		—	—	11	1	4	—	2	7
	1	1		1	3	12	—	1	2	1	4
	—	—			—	13	2	1,2	1,1	1,7	6
	—	—			—	14	—	—	—	1	1
	0,9	0,1			1	15	—	1	—	—	1
						16	1		—	—	1
						20	1		—	—	1
						21			1,7	0,3	2
						25				1	1
Anzahl der Perioden . . .	166,05	174,85	178,4	166,6	686	—	164,15	171,95	181,1	167,7	685
〃 〃 Tage	374	361	344	349	1428	—	529	559	576	561	2225
Mittlere Länge der Perioden .	2,3	2,1	1,9	2,1	2,1	—	3,2	3,3	3,2	3,3	3,3
Veränderlichkeit { beobachtet .	0,444	0,457	0,518	0,477	0,480	—	0,310	0,308	0,314	0,299	0,308
Veränderlichkeit { berechnet .	0,586	0,608	0,626	0,617	0,609	—	0,414	0,397	0,374	0,384	0,391
Index der Erhaltungstendenz .	0,242	0,248	0,172	0,227	0,212	—	0,251	0,214	0,160	0,219	0,212

Index der Erhaltungstendenz jene Differenz dividirt durch die grösste mögliche Veränderlichkeit, d. h. in diesem Falle durch die berechnete Veränderlichkeit empfohlen, ein Vorschlag, der sich sehr gut bewährt hat.[1])

Der Index der Erhaltungstendenz muss für die Niederschläge und die Trockenperioden derselbe sein. Wenn man zwischen beiden kleine Differenzen findet, so haben die ihren Grund darin, dass nicht mit jedem Monate auch eine Periode abschliesst, und dass die letzte Periode eines Monats nicht immer den entgegengesetzten Character trägt wie die erste.

Zusammenstellungen der Häufigkeit der verschieden langen Perioden, wie die obige, gestatten weiter die Abhängigkeit der Veränderlichkeit von der Länge der voraufgegangenen Periode von Tagen gleichen Characters abzuleiten. Ist nämlich p_r die Anzahl der Perioden von r gleich beschaffenen Tagen und P_r diese Zahl vermehrt um die Anzahl aller längeren Periden, so ist $\frac{p_r}{P_r}$ die Wahrscheinlichkeit eines Wetterwechsels nach r Tagen gleichen Characters.

Die auf diese Weise erhaltenen Zahlen haben ein besonderes Interesse, weil sie der landläufigen Ansicht, es müsse sich doch einmal ausgeregnet haben, direct zu widersprechen scheinen; denn durchgehends nimmt die Wahrscheinlichkeit eines Wetterwechsels mit der Länge der voraufgegangenen Periode ab, so dass es um so wahrscheinlicher ist, dass es am folgenden Tage dasselbe Wetter bleibt wie am voraufgehenden, je länger sich das Wetter bereits contant erhalten hat. Je länger es also geregnet hat, desto weniger wahrscheinlich wird ein Umschlag zu besserem Wetter. Dass es nun trotzdem nicht immerfort regnet, hat seinen Grund darin, dass

---

[1]) In dem Referat über Riggenbach's Arbeit (Meteor. Zeitschr. 1890 S. [44]) hat Köppen eine Zusammenstellung der bislang bekannten Werthe für den Index der Erhaltungstendenz für Regenwetter gegeben, aus der hervorgeht, „dass derselbe im Westen und Norden unseres Erdtheils viel grösser ist als im Osten und Süden desselben; gebirgig hohe Lage vergrössert die Erhaltungstendenz. — Im Mittelmeergebiet scheinen die Regentage annähernd nicht anders auf einander zu folgen, als es der Zufall ergiebt. Der unperiodische Wechsel langer regnerischer und trockener Zeiten ist eine durch die abwechselnde Herrschaft der grossen „Actionscentren der Atmosphäre" bedingte Eigenthümlichkeit Nordwest-Europas."

die Wahrscheinlichkeit des Eintritts einer Periode constanter Witterung um so kleiner ist, je länger man die Periode annimmt. Die Wahrscheinlichkeit des Eintritts einer Periode von r gleich beschaffenen Tagen ist der Quotient aus p_r und der Gesammtzahl aller Perioden. Diese Wahrscheinlichkeit nimmt mit wachsendem r rasch ab.

Tab. 36. **Breslau 1876—1885. Wahrscheinlichkeit eines Wetterwechsels nach Verlauf einer r-tägigen Periode**

r	mit Niederschlag.					ohne Niederschlag.				
	W.	F.	S.	H.	Jahr	W.	F.	S.	H.	Jahr
1	0,500	0,503	0,532	0,498	0,509	0,372	0,326	0,337	0,322	0,339
2	0,385	0,426	0,432	0,455	0,424	0,330	0,310	0,327	0,400	0,352
3	0,463	0,614	0,591	0,520	0,546	0,257	0,325	0,239	0,249	0,266
4	0,483	0,351	0,567	0,502	0,477	0,283	0,310	0,355	0,215	0,294
5	0,352	0,480	0,357	0,183	0,348	0,214	0,393	0,399	0,294	0,325
6	0,250	0,462	0,704	0,550	0,467	0,204	0,133	0,255	0,176	0,192
7	0,290	0,400		0,250	0,375	0,479	0,311	0,228	0,325	0,345
8	0,408	0,476		0,333	0,400	0,328	0,148	0,222	0,253	0,236
9	0,345			0,500	0,333	0,268	0,261	0,381	0,153	0,262
10						0,167	0,153	0,262	0,300	0,226

Tab. 37. **Breslau 1876—1885. Wahrscheinlichkeit des Eintritts einer r-tägigen Periode von Tagen**

r	mit Niederschlag.					ohne Niederschlag.				
	W.	F.	S.	H.	Jahr	W.	F.	S.	H.	Jahr
1	0,500	0,503	0,532	0,498	0,509	0,372	0,326	0,335	0,322	0,339
2	0,193	0,207	0,202	0,228	0,208	0,207	0,209	0,222	0,271	0,228
3	0,142	0,175	0,157	0,142	0,155	0,103	0,151	0,104	0,101	0,115
4	0,080	0,039	0,062	0,066	0,061	0,090	0,097	0,118	0,066	0,093
5	0,030	0,034	0,017	0,012	0,023	0,049	0,085	0,086	0,070	0,073
6	0,014	0,017	0,021	0,029	0,020	0,037	0,018	0,033	0,030	0,029
7	0,012	0,008	0,009	0,006	0,009	0,068	0,035	0,022	0,045	0,042
8	0,012	0,006		0,006	0,006	0,024	0,012	0,016	0,024	0,019
9	0,006	—		0,006	0,003	0,013	0,018	0,022	0,011	0,016
10	—	—		—	—	0,006	0,008	0,009	0,018	0,010
11—15	0,011	0,006		0,006	0,006	0,018	0,042	0,017	0,034	0,028
16—20						0,012				0,003

Diese Verhältnisse werden an den beiden nebenstehenden Tabellen erläutert.

Wie weit eine Erhaltungstendenz der trockenen und der regnerischen Zeit für sich zukommt, kann hieraus noch nicht ersehen werden. Hier kann aber eine andere Grösse aushelfen, welche Riggenbach (l. c.) als den Index der Abweichungen eingeführt hat, und welche man durch Vergleichung der mittleren Abweichung der einzelnen Perioden von der mittleren Länge nach den Beobachtungen und nach der Theorie erhält unter Annahme der Zufälligkeit in der Reihenfolge der Tage beiderlei Characters. Für diese letzteren, die theoretischen Abweichungen, erhält man nämlich, wenn man sie für die Niederschlagsperioden durch A_n und für die Trockenperioden durch A_t bezeichnet

$$A_n = 2\frac{N}{S} \text{ und } A_t = 2\frac{T}{S}, \text{ wenn } 1 < \frac{S}{N} < 2 \text{ und}$$

$$A_n = 4\left(\frac{N}{S}\right)^2 \text{ und } A_t = 4\left(\frac{T}{S}\right)^2, \text{ wenn } 2 < \frac{S}{N} < 3 \text{ ist.}$$

Da nun grosse Werthe der mittleren Abweichung auf das Vorhandensein langer Perioden und entsprechend zahlreicher ganz kurzer hinweisen, kleine Werthe dagegen eine Annäherung der Einzelwerthe an die mittlere Länge anzeigen, so wird man die beobachtete Abweichung grösser finden als die theoretische, wenn eine Erhaltungstendenz besteht. Da wiederum beide Abweichungen variabel sind, bilden wir die Differenz der beobachteten und der theoretischen Abweichung und dividiren sie durch den beobachteten Werth. Der so erhaltene Index der Abweichungen kann als Maass für die Erhaltungstendenz für die trockene und für die regnerische Witterung jede für sich dienen. „Zum Index der Erhaltungstendenz stehen die Indices der Abweichung in der einfachen Beziehung, dass die Summe der letzteren zu ersteren ein für alle Monate nahe constantes Verhältniss besitzt."

Von dem Index der Erhaltungstendenz unterscheidet sich der Index der Abweichung also ganz wesentlich dadurch, dass der letztere für die Trocken- und Regenperioden verschiedene Werthe haben kann, der erstere dagegen nicht. Dass der Unterschied der Indices der Abweichung ganz merkliche Werthe erreichen kann, zeigen folgende Werthe, welche Riggenbach abgeleitet hat.

Index der Abweichung für Basel; 111 Jahre.

	J.	F.	M.	A.	M.	J.
Trockenperioden	0,438	0,455	0,480	0,468	0,436	0,395
Regenperioden	0,412	0,435	0,439	0,421	0,451	0,366

	J.	A.	S.	O.	N.	D.
Trockenperioden	0,341	0,361	0,449	0,464	0,422	0,451
Regenperioden	0,373	0,328	0,456	0,413	0,410	0,415

Schliesslich fragen wir nach der Wahrscheinlichkeit, dass das Wetter, nachdem es sich r Tage gehalten hat, sich noch gerade s weitere Tage hält und dann umschlägt. Diese Wahrscheinlichkeit ist $\frac{p_{r+s}}{P_r}$, oder die Wahrscheinlichkeit, dass dieselbe Witterung noch mindestens s Tage anhält, $\frac{P_{r+s}}{P_r}$. Diese Werthe hat Riggenbach (l. c.) zuerst berechnet, und er hat für Basel so interessante Resultate erhalten, dass ich es mir nicht versagen kann, sie hierher zu setzen.

Tab. 38. **Basel,** 111 Jahre.
Wahrscheinlichkeit der Fortdauer der Witterung

nach r Trockentagen, um s weitere solche.					nach r Niederschlagstagen, um s weitere solche.			
s = 1	s = 2	s = 3	s = 4	r	s = 1	s = 2	s = 3	s = 4
Sommer					Sommer			
0,62	0,39	0,26	0,17	1	0,59	0,35	0,21	0,13
0,63	0,41	0,28	0,19	2	0,60	0,36	0,22	0,14
0,66	0,44	0,31	0,22	3	0,59	0,37	0,24	0,16
0,67	0,47	0,33	0,24	4	0,62	0,40	0,25	0,17
0,70	0,50	0,36	0,25	5—6	0,63	0,41	0,30	0,20
0,73	0,55	0,36	0,26	7—10	0,70	0,49		
Winter					Winter			
0,63	0,43	0,30	0,23	1	0,56	0,32	0,19	0,12
0,68	0,48	0,37	0,29	2	0,57	0,34	0,22	0,13
0,70	0,54	0,42	0,32	3	0,59	0,38	0,23	0,13
0,77	0,60	0,46	0,38	4	0,64	0,38	0,21	0,12
0,77	0,61	0,51	0,42	5—6	0,58	0,33	0,23	0,16
0,82	0,68	0,55	0,45	7—10	0,54	0,35		
0,78	0,58	0,44		11—15				

Danach gelten für Basel folgende Regeln: „Geht man von einem Niederschlagstage aus, so ist es stets wahrscheinlicher, dass der nächste Tag auch Niederschlag bringen werde, als nicht; für den zweitfolgenden Tag ist dagegen ein Umschlag das Wahrscheinlichere. Geht man aber von einem Trockentage aus, so kann man namentlich im Winter und, wenn schon mehrere Trockentage vorausgegangen sind, selbst auf den drittfolgenden Tag mit Wahrscheinlichkeit die Prognose auf Andauer der Witterung stellen."

Wenn es auch scheinen mag, dass Untersuchungen nach den soeben entwickelten Gesichtspunkten vornehmlich für die practische Meteorologie Interesse haben, so ist das doch nicht richtig. Ich glaube in meiner Arbeit über die Niederschlagsverhältnisse Deutschlands vielmehr gezeigt zu haben, dass sie auch für die vergleichende Klimatologie schätzbare Beiträge zu liefern vermögen. Es wird sich das um so deutlicher zeigen, je mehr sich unsere bisher nur ziemlich dürftigen Kenntnisse in der bezeichneten Richtung erweitern. Ich habe schon oben darauf hingewiesen, dass sich Untersuchungen, wie sie hier am Niederschlag erläutert sind, ohne wesentliche Aenderung der Methode auch an die andern meteorologischen Elemente knüpfen lassen. Als besonders empfehlenswerth für solche Arbeiten erscheinen die Perioden fortdauernd steigender und fortdauernd sinkender Temperatur (ohne Rücksicht auf die Normalwerthe), die Perioden der Sommer-, der Eis-, der Frost- und der frostfreien Tage, die der heitern, der mässig bewölkten und der trüben Tage, sowie die Constanz und Veränderlichkeit der Winde. Soweit ich die Literatur übersehe, finden sich diese Fragen in einiger Vollständigkeit nur für Brüssel, Vigevano und Göttingen behandelt. Möchten wir bald ähnliche Untersuchungen auch für andere Orte und andere Klimate erhalten.

Wenn sehr lange Beobachtungsreihen (mindestens 25 Jahre) vorhanden sind, so kann man die Frage nach der Tendenz zur Erhaltung des Wetters auch auf grössere Zeitabschnitte als Tage, auf Pentaden, Monate, Jahreszeiten ausdehnen. Dabei kann man ganz denselben Weg wie vorhin einschlagen, indem man z. B. von der Häufigkeit von Perioden auf einander folgender, zu nasser oder zu trockener, zu warmer oder zu kalter Monate ausgeht. Man erhält so aber nur die durchschnittlichen Verhältnisse des Jahres; dabei können im Laufe des Jahres wesentliche Unterschiede vorhanden sein. Es erhebt sich also die Frage, in welcher Weise die Monate einander beeinflussen, und wie sich diese Beeinflussung im Laufe des Jahres ändert. Zur Beantwortung derselben hat man die Wahrscheinlichkeit zu berechnen, mit welcher ein Wechsel des Zeichens der Anomalie des nachfolgenden gegen den Ausgangsmonat zu erwarten ist. Diese Wahrscheinlichkeit ist durch den Bruch gegeben, dessen Dividend durch die Anzahl der Fälle, in welchen ein Zeichenwechsel eintrat, und dessen Divisor durch die Anzahl sämmtlicher Fälle gegeben ist.

Als Beispiel gebe ich hier eine auf 138jährige Temperaturbeobachtungen zu Berlin gegründete Tabelle, welche Köppen (l. c.) berechnet hat. Dieselbe enthält für alle Monate des Jahres die Wahrscheinlichkeit, dass der auf die in der ersten Horizontalreihe angegebenen Ausgangsmonate folgende 1, 2, 3, ... 7, 11, 12te Monat die entgegengesetzte Abweichung hat wie der Ausgangsmonat. Man sieht daraus z. B., dass namentlich in den Sommermonaten eine aus-

Tab. 39. **Berlin, 1719—1866.**

	Ausgangsmonat	J.	F.	M.	A.	M.	J.	J.	A.	S.	O.	N.	D.
Nachfolgende Monate.	Februar . .	0,38	—	—	—	—	—	—	—	—	—	—	—
	März . . .	0,47	0,37	—	—	—	—	—	—	—	—	—	—
	April . . .	0,39	0,44	0,40	—	—	—	—	—	—	—	—	—
	Mai . . .	0,43	0,50	0,46	0,47	—	—	—	—	—	—	—	—
	Juni . . .	0,43	0,44	0,42	0,46	0,46	—	—	—	—	—	—	—
	Juli . . .	0,45	0,43	0,39	0,48	0,37	0,31	—	—	—	—	—	—
	August . .	0,53	0,47	0,42	0,52	0,46	0,46	0,35	—	—	—	—	—
	September .	—	0,53	0,46	0,53	0,40	0,46	0,40	0,43	—	—	—	—
	October . .	—	—	0,41	0,49	0,54	0,48	0,52	0,50	0,49	—	—	—
	November .	—	—	—	0,42	0,49	0,47	0,51	0,46	0,52	0,46	—	—
	December .	—	—	—	—	0,57	0,52	0,55	0,52	0,49	0,40	0,42	—
	Januar . .	—	—	—	—	—	0,47	0,56	0,48	0,51	0,51	0,47	0,42
	Februar . .	—	—	—	—	—	—	0,50	0,54	0,52	0,49	0,53	0,48
	März . . .	—	—	—	—	—	—	—	0,45	0,52	0,46	0,44	0,47
	April . . .	—	—	—	—	—	—	—	—	0,52	0,52	0,44	0,52
	Mai . . .	—	—	—	—	—	—	—	—	—	0,52	0,45	0,52
	Juni . . .	—	—	—	—	—	—	—	—	—	—	0,51	0,49
	Juli . . .	—	—	—	—	—	—	—	—	—	—	—	0,45
	11 ter Monat	0,50	0,44	0,50	0,43	0,46	0,45	0,36	0,37	0,42	0,45	0,51	0,52
	12 „ Monat	0,44	0,52	0,41	0,43	0,50	0,39	0,37	0,33	0,43	0,44	0,48	0,50

gesprochene Neigung ist zur Wiederkehr derselben Abweichung nach Jahresfrist vorhanden.

Es ist hierbei die Grösse der Abweichung ganz ausser Betracht gelassen, namentlich vom practischen Standpunct aus erscheint es aber doch gerathen, auch hierauf Rücksicht zu nehmen. Man wird sich nur schwer entschliessen können, einen Monat als „zu kalt“ zu bezeichnen, weil seine Mitteltemperatur um vielleicht nur 1° unter der normalen liegt, auch ist nach dem, was oben über den Scheitelwerth gesagt ist, nicht zu verkennen, dass durch eine solche Definition eine gewisse Ungleichmässigkeit in die Beurtheilung der verschiedenen Monate eingeführt wird. Wir haben oben gesehen, dass die Wintermonate bei uns häufiger eine Mitteltemperatur liefern, welche über dem allgemeinen Mittel liegt, als eine solche, welche unter dasselbe hinabgeht. Wir würden also, auch wenn wir den Normalwerthen einen gewissen Spielraum gestatten wollten, von vorn herein häufiger zu warme als zu kalte Monate zu erwarten haben, wenn wir die Grenzen jenes Spielraums gleich weit vom Mittel abstecken würden. Beim Niederschlag würden sich, da hier das ganze Jahr hindurch negative Abweichungen erheblich häufiger sind als positive, die Verhältnisse noch weit mehr zu Gunsten der zu trockenen Monate verschieben.

Wenn also auch die Berechnung der Abhängigkeit der Monate von einander nach Obigem keine Schwierigkeiten hat, so ist doch die Entscheidung, was zu warm und zu kalt, was zu nass und zu trocken genannt werden soll, ziemlich schwierig, wenn man unparteiisch verfahren will, auch ist eine gewisse Willkür hier kaum zu vermeiden.

Hellmann (l. c.) nennt einen Sommer zu warm, in welchem die Mitteltemperatur von mindestens drei der vier Monate Juni bis September über normal ist. Kalt ist ein Sommer, wenn in ihm die Abweichungssumme der Monate Juni bis August kleiner als Null ist. Bei einem milden Winter sollen die Mitteltemperaturen von December und Januar über der Normalen liegen, und endlich soll ein Winter kalt genannt werden, wenn von den vier Monaten November bis Februar mindestens zwei eine negative Anomalie haben und ausserdem die Summe der Abweichungen aller Monate kleiner als Null ist. — Casse nennt (l. c.) einen Monat warm, wenn er 20 oder mehr Tage enthält, welche die normale Temperatur erreichen oder überschreiten: kalt heisst bei ihm ein Monat, in welchem 20 oder mehr

Tage die Normale nicht erreichen. Die übrig bleibenden Monate gelten als normal. Ein Quartal nennt Casse warm, wenn es mindestens zwei warme Monate enthält und kalt, wenn es mindestens zwei kalte Monate umfasst.

Für die Entscheidung, ob ein Monat nass oder trocken zu nennen ist, scheint mir Plantamour's Vorgang nachahmenswerth. Die Trennung wird so vorgenommen, dass in jede Classe möglichst gleich viel Monate entfallen. Plantamour ordnet so die nach fünfzigjährigen Beobachtungen zu Genf sich ergebenden Niederschlagsmengen jeden Monats der Grösse nach und nennt davon die ersten 12 sehr trocken T, die folgenden 13 trocken t, die nächsten 13 nass n, und die letzten 12 sehr nass N.

Vielleicht empfiehlt es sich bei der Lufttemperatur analog zu verfahren.

Es sei gestattet, bei der genannten Untersuchung Plantamour's noch einen Augenblick zu verweilen, weil sie in der hier in Rede stehenden Richtung zu einem abweichenden Resultat geführt hat. Plantamour behandelt nämlich auch die Frage, ob die Ursachen, welche den Character eines Monats bestimmen, die Zeit eines Monats überdauern oder nicht, ob eine Einwirkung eines Monats auf den folgenden statt hat oder nicht.

Es stehen bei fünfzigjährigen Beobachtungen im Ganzen 600 Monate zur Verfügung, und es sind unter den oben angegebenen Classen 16 Combinationen zu je 2 Monaten möglich: TT, Tt, tT, tt, ... Wenn nun für die Aufeinanderfolge der verschiedenen Monate der Zufall maassgebend ist, so muss jede der genannten Folgen 600 : 16 = 37,5 mal vorkommen. Die Beobachtungen ergeben nun für Genf

TT	34	tn	36
Tt	35	nt	50
tT	41	tN	36
tt	43	Nt	28
nn	39	Tn	43
nN	31	nT	36
Nn	38	TN	32
NN	44	NT	34
	305		295

Unter 600 Fällen finden sich also nur 5 mehr als die Hälfte, wo der Character des folgenden Monats derselbe geblieben ist wie

der des voraufgehenden. Die Gegensätze zwischen den einzelnen Gruppen, z. B. T T und N N sind allerdings viel bedeutender. Doch meint Plantamour, das werde sich mit zunehmender Länge der Beobachtungszeit ausgleichen, und er kommt zu dem Schluss, dass ein Fortwirken der den Character eines Monats bestimmenden Ursachen für längere Zeit nicht besteht.

Dieses interessante Resultat gab mir Veranlassung, diese Frage auch nach den oben entwickelten Gesichtspunkten an demselben Material zu prüfen. Es wurden die Abweichnngen aller 600 Monate von den bezüglichen arithmetischen Mitteln dem Zeichen nach bestimmt, die Häufigkeit ausgezählt, mit welcher 1, 2, ... Monate gleicher Abweichung einander gefolgt sind, und daraus die Veränderlichkeit für positive und negative Abweichung berechnet. Die Beobachtungen ergaben für die positive Anomalie 0,565 und für die negative Anomalie 0,418, während diese Werthe theoretisch bezw. 0,575 und 0,422 betragen sollten. Es spricht also auch diese Rechnung gegen eine Beeinflussung des folgenden Monats durch den voraufgehenden.

Aehnliches haben auch die Niederschlagsverhältnisse Münchens (Köppen l. c. S. 199, Fussnote) und Göttingens ergeben, auch hier ist, wenn eine Neigung zur Erhaltung oder zum Wechsel der Anomalie besteht, diese nur gering. Die Niederschläge sind nach dieser Richtung aber erst wenig untersucht, und es ist wohl kaum zweifelhaft, dass sich auch hier zwischen verschiedenen Gegenden der Erdoberfläche characteristische Unterschiede finden werden. Vorläufig ruht hierüber noch ein tiefes Dunkel, das aufzuhellen für die praktische Meteorologie und die Klimatologie gleich wichtig erscheinen muss.

In höchst origineller Weise hat Buys Ballot die Aufeinanderfolge der Monate mit zu hoher und zu tiefer Mitteltemperatur, mit zu hohem und zu tiefem mittleren Barometerstande, sowie mit zu grosser und zu geringer Niederschlagshöhe behandelt. Die erste Mittheilung hierüber findet sich im zweiten Theile des „Nederlandsch meteorologisch Jaarboek“ für 1872 und für 1873 (Referat von Köppen in der Zeitschr. d. oest. Ges. f. Met., Bd. 16, S. 237, 1881), die ausführlichste Abhandlung dagegen ist wohl eine der letzten Arbeiten dieses um die Meteorologie so hoch verdienten Gelehrten, sie ist oben bereits angeführt: Auszüge derselben hat Buys Ballot noch selbst für die Meteorologische Zeitschrift bearbeitet (Bd. 6, S. 375. 1889, und Bd. 7, S. 185. 1890).

Tab. 40. **Uebermaass der Lufttemperatur zu Utrecht für jeden Monat für sich.**

	J.	F.	M.	A.	M.	J.	J.	A.	S.	O.	N.	D.
1849	**0,06**	**2,70**	**0,32**	0,53	**2,13**	**0,34**	0,36	1,37	0,17	0,73	0,48	1,51
1850	4,91	**5,10**	1,06	0,11	**0,80**	**0,46**	0,73	2,60	1,70	2,94	**1,60**	0,63
1851	2,66	**5,26**	0,19	0,67	1,46	0,06	2,11	2,75	2,99	2,07	0,58	0,09
1852	0,01	**5,93**	1,06	3,01	2,31	1,11	**1,32**	2,26	3,55	3,41	**2,89**	**4,36**
1853	**3,48**	**1,96**	5,34	4,94	2,75	1,32	**1,16**	3,50	4,16	2,90	**1,39**	1,13
1854	**3,56**	**1,77**	4,18	4,27	3,79	2,83	**1,09**	4,06	4,11	3,53	0,13	0,02
1855	**1,74**	6,44	7,04	6,31	5,97	3,29	**0,46**	3,97	4,13	2,56	1,71	2,01
1856	**3,04**	4,88	7,81	6,24	7,95	4,07	1,03	3,11	5,22	1,64	3,34	0,31
1857	**2,35**	4,95	7,90	7,16	7,08	2,03	0,08	0,05	3,66	**0,12**	2,53	**2,23**
1858	**1,37**	8,13	8,72	7,74	8,37	**1,47**	1,43	**0,72**	1,84	**0,01**	6,47	**2,84**
1859	**3,25**	5,88	5,89	8,64	7,54	**3,43**	**1,42**	**1,84**	2,58	**1,04**	7,38	**0,61**
1860	**5,20**	7,95	6,97	10,43	7,59	**2,38**	0,51	0,47	4,07	**1,04**	5,23	1,28
1861	**1,01**	6,01	5,07	11,88	9,73	**3,56**	0,07	**0,28**	4,27	**2,72**	5,29	0,49
1862	**0,86**	5,35	1,80	9,96	7,15	**2,20**	1,59	0,25	3,67	**4,31**	5,53	**1,69**
1863	**4,06**	3,16	**0,15**	9,02	7,61	**1,80**	2,76	0,11	5,64	**5,73**	4,82	**4,59**
1864	**1,30**	5,01	**1,32**	9,51	8,65	**0,63**	3,98	2,23	6,18	**5,04**	6,11	**1,66**
1865	**1,23**	8,03	1,98	6,47	5,25	0,54	3,12	2,77	3,41	**5 86**	4,16	**2,12**
1866	**5,31**	6,10	2,18	5,15	7,21	**2,01**	4,45	4,51	3,56	**5,59**	2,71	**4,12**
1867	**4,42**	2,65	3,78	5,14	6,86	**1,71**	6,87	3,55	3,02	**5,07**	2,13	**2,82**
1868	**3,47**	0,11	2,28	5,20	3,05	**3,37**	3,77	1,84	1,66	**4,36**	2,61	**6,83**
1869	**3,69**	**3,46**	3,93	2,72	4,07	**0,72**	3,31	3,30	0,97	**3,56**	2,21	**6,97**
1870	**4,67**	**0,54**	5,27	1,64	4,27	**0,09**	2,24	4,14	1,80	**2,90**	1,85	**2,05**
1871	**1,09**	0,25	2,51	2,59	6,23	1,87	2,51	2,29	1,58	**0,91**	4,62	0,41
1872	**2,93**	**2,05**	0,28	1,50	6,92	1,36	0,03	2,56	1,55	**0,91**	2,25	**2,15**
1873	**6,15**	**0,42**	**1,72**	1,84	9,27	0,46	**1,74**	2,03	2,94	**0,67**	1,44	**2,64**
1874	**8,89**	**0,49**	**3,16**	0,25	11,49	0,93	**3,54**	3,28	2,02	**1,57**	2,41	**0,90**
1875	**11,63**	2,46	**2,47**	0,51	10,38	0,15	**3,65**	1,93	0,84	0,27	3,15	**0,71**
1876	**9,45**	1,85	**3,20**	0,02	13,20	**0,22**	**4,55**	0,80	2,24	**1,29**	3,58	**2,99**
1877	**12,64**	**0,55**	**2,90**	1,35	15,47	**2,29**	**4,21**	0,97	4,70	**0,39**	1,29	**3,29**
1878	**14,21**	**2,73**	**3,25**	**0,70**	15,01	**3,00**	**3,84**	1,05	4,46	**0,43**	1,93	**1,68**
1879	**11,44**	**1,29**	**2,63**	1,12	17,49	**2,76**	**1,41**	1,68	4,89	**0,02**	3,45	4,22
1880	**9,81**	**2,52**	**4,44**	0,41	18,10	**1,83**	**1,16**	**0,13**	3,67	1,52	3,28	1,32
1881	**5,63**	**1,86**	**4,92**	1,82	18,00	**0,73**	**2,57**	3,34	4,77	5,01	0,58	0,92
1882	**6,83**	**3,08**	**8,04**	1,29	17,56	0,79	**1,67**	5,10	5,37	5,16	0,21	0,77
1883	**7,82**	**5,24**	**4,76**	0,74	16,94	0,19	**0,57**	5,58	5,92	5,09	**0,86**	**0,17**
1884	**11,88**	**7,27**	**6,83**	1,43	16,17	2,04	**2,06**	3,62	4,47	4,87	**0,25**	**1,37**
1885	**10,27**	**10,53**	**6,82**	**0,19**	18,46	1,70	**2,37**	5,71	5,84	6,47	0,68	1,49
1886	**9,70**	**6,74**	**5,98**	**0,17**	18,08	3,25	**2,08**	5,51	4,10	5,46	**1,40**	**0,94**
1887	**8,14**	**6,22**	**4,26**	1,20	20,30	3,34	**3,09**	6,27	5,94	7,96	**1,11**	0,01
1888	**7,28**	**2,06**	**2,15**	3,51	21,36	3,34	**0,43**	8,19	6,92	9,67	**1,94**	**1,16**

Tab. 41. **Uebermaass der Lufttemperatur zu Utrecht am Ende der einander folgenden Monate.**

	J.	F.	M.	A.	M.	J.	J.	A.	S.	O.	N.	D.
1849	0,06	2,76	3,08	2,55	4,68	5,02	4,66	3,29	3,12	2,39	1,91	0,40
1850	4,57	2,17	3,55	2,91	4,24	4,12	4,49	5,72	7,25	9,46	7,38	6,50
1851	4,25	4,09	3,22	4,00	6,26	6,78	8,16	8,31	9,60	8,73	10,91	10,37
1852	7,72	7,05	7,92	10,26	11,11	12,16	8,73	8,24	8,80	10,14	6,67	2,22
1853	1,27	2,70	6,98	8,91	9,35	9,56	9,72	10,96	11,57	11,06	12,56	18,05
1854	17,97	18,16	17,00	16,33	17,37	18,88	18,95	19,51	19,46	20,09	21,61	19,50
1855	21,32	29,53	32,39	34,43	36,61	37,07	37,70	37,61	37,63	38,66	38,24	41,23
1856	39,93	38,37	39,14	39,07	41,05	41,83	43,32	42,46	43,55	41,63	44,26	41,56
1857	43,25	43,32	43,41	44,33	43,46	41,42	40,47	37,41	35,85	34,09	33,28	30,74
1858	31,72	34,90	35,72	36,30	37,59	34,09	35,44	34,67	32,85	32,96	36,90	36,29
1859	34,41	32,16	29,33	30,23	29,40	27,44	24,59	23,47	24,21	23,18	24,09	26,32
1860	24,37	26,44	27,52	29,31	29,36	30,41	32,34	35,65	36,14	36,14	33,99	35,88
1861	40,07	38,13	36,23	37,68	39,82	38,64	38,20	37,45	37,65	35,97	36,03	35,24
1862	35,39	34,73	31,46	29,54	26,96	28,32	29,84	30,37	29,77	28,18	28,42	26,24
1863	23,04	20,85	18,90	17,96	18,42	18,82	19,99	19,85	21,82	20,40	19,69	16,79
1864	19,55	21,40	20,23	20,72	21,76	22,93	24,15	26,27	26,81	27,50	28,79	31,72
1865	31,79	34,81	38,11	35,07	31,67	32,84	31,98	32,52	29,75	28,93	26,98	26,52
1866	22,44	20,51	20,71	19,39	21,45	18,90	20,23	21,97	22,12	23,39	20,97	18,97
1867	19,86	16,41	18,01	18,00	17,55	17,85	20,27	19,31	18,77	19,29	18,68	19,98
1868	20,93	18,39	16,89	16,95	13,14	11,48	8,38	6,67	5,31	6,02	6,50	2,49
1869	2,27	1,30	0,35	2,13	1,11	1,54	1,08	2,54	1,85	2,65	2,25	3,11
1870	2,13	5,05	6,49	5,31	5,51	6,14	5,07	5,91	6,74	7,40	7,04	10,96
1871	14,54	15,33	12,57	10,52	15,48	17,44	17,71	15,86	17,64	17,63	20,40	22,86
1872	21,02	18,72	16,49	15,40	16,09	15,58	13,10	13,37	13,34	13,34	10,97	8,41
1873	5,19	6,82	4,82	5,16	7,51	6,61	4,84	4,31	5,70	5,94	5,13	3,64
1874	0,90	0,83	0,61	2,20	0,02	0,49	1,31	0,06	0,98	1,88	0,91	1,83
1875	0,91	2,04	2,73	2,99	1,88	1,10	0,99	0,36	1,54	0,30	1,04	1,23
1876	3,41	2,80	2,07	1,58	4,40	4,03	3,13	2,00	3,40	1,84	2,27	0,01
1877	3,20	5,60	5,30	3,97	1,70	3,77	3,43	3,26	0,80	0,10	2,19	2,49
1878	4,06	6,24	6,59	8,64	9,10	9,81	9,44	9,36	9,60	9,64	9,00	7,39
1879	4,62	3,18	2,56	0,74	1,74	1,98	4,41	5,04	5,48	5,88	7,40	13,30
1880	14,93	13,70	11,89	11,18	11,79	12,72	12,97	11,16	9,94	11,48	11,31	8,41
1881	12,49	13,25	12,77	14,18	14,08	15,18	13,77	17,24	18,34	21,83	19,13	18,73
1882	17,53	16,51	13,19	12,66	12,22	13,74	14,64	16,40	17,00	17,15	16,78	16,63
1883	11,64	13,48	16,76	16,21	15,59	14,99	16,09	16,57	17,12	17,05	15,98	15,04
1884	10,98	8,95	6,85	7,57	6,80	8,65	7,16	5,20	3,75	3,53	4,14	2,94
1885	4,55	1,29	1,30	0,32	1,97	1,63	1,32	3,41	4,78	6,38	7,31	7,19
1886	7,76	11,55	12,39	12,41	12,03	12,58	13,87	13,67	11,93	10,92	8,84	9,39
1887	10,95	11,47	13,19	14,56	16,78	16,87	15,86	16,62	18,46	20,96	21,25	22,20
1888	23,06	27,22	29,33	31,64	32,70	32,70	35,36	37,28	38,16	39,87	39,04	37,87

Wir denken uns z. B. für die Lufttemperatur die Abweichungen der monatlichen Mittel von den zugehörigen Normalwerthen gebildet und tabellarisch so dargestellt, dass sich die Monate in horizontaler und die Jahre der Reihe nach in verticaler Richtung folgen. Die algebraische Summe aller bis zu einem gegebenen Zeitmoment auf einander folgenden Abweichungen giebt dann Buys Ballot's „Uebermaass“ bis zu jenem Zeitpunkt. Die Summirung können wir in unserer Tabelle in verticaler oder auch in horizontaler Richtung vornehmen, indem wir im letzteren Falle den Januar des Jahres n + 1 an den December des Jahres n anreihen. Auf diese Weise sind die beiden Tabellen S. 166 u. 167 entstanden. Tab. 40 S. 166 bezieht sich auf die Summirung in verticaler Richtung, Tab. 41 S. 167 auf die in horizontaler Richtung.

Um jeden Zweifel an der Art der Ableitung dieser Tabellen auszuschliessen, geben wir die Entstehung der ersten Werthe derselben.

Tab. 40. Es betrug die Abweichung und demnach des Uebermaass

1849 Januar	+ 0,06	+ 0,06
1850 „	— 4,97	— 4,91
1851 „	+ 2,25	— 2,66
1852 „	+ 2,65	— 0,01
1853 „	+ 3,49	+ 3,48
⋮	⋮	⋮

Tab. 41. Es betrug die	Jan.	Feb.	März	April	Mai . . .
Abweichung für 1849	+ 0,06	+ 2,70	+ 0,32	— 0,53	+ 2,13 . .
und daher das Uebermaass	+ 0,06	+ 2,76	+ 3,08	+ 2,55	+ 4,68 . .

In den Tabellen ist die ebenfalls von Buys Ballot eingeführte, auch sonst sehr empfehlenswerthe Methode beibehalten, die positiven Abweichungen durch fetten Druck von den negativen zu unterscheiden.

In Tab. 40 schreiten die Zahlen in verticaler, in Tab. 41 in horizontaler Richtung fort, und sie geben an, wie lange die auf einander folgenden Monate zusammengenommen zu warm, und wie lange ihre Gesammtheit zu kalt war, wie lange es also dauerte, bis der Beobachtungsort soviel Wärme erhielt, wie es der Fall sein würde, wenn alle Monate normal verlaufen wären.

Wir haben vorhin gesehen, dass, wenn ein Monat zu kalt war, die Wahrscheinlichkeit, dass derselbe Monat des folgenden Jahres oder der folgende Monat desselben Jahres wieder zu kalt ist, grösser ausfällt als die, dass das Entgegengesetzte statt findet. Gälte dieses Gesetz unbedingt, so würde folgen, dass das Uebermaass unbegrenzt in demselben Sinne (positiv oder negativ) wachsen müsste. Nun aber ist das nicht der Fall — und es ist vorhin erwähnt, weshalb nicht — es werden also auch die Zahlen unserer Tabelle abwechselnd wachsen und abnehmen. So lange die Zahlen der Tabellen ununterbrochen wachsen oder ununterbrochen abnehmen, so lange haben die Abweichungen der auf einander folgenden Monate dasselbe Zeichen. Einem Uebergang vom Wachsen zum Abnehmen, oder umgekehrt, entspricht daher ein Wechsel des Vorzeichens der Abweichungen, und immer dann, wenn dieselbe Zahl wieder erreicht wird, haben sich inzwischen alle Abweichungen aufgehoben, d. h. es ist Compensation eingetreten. Unsere Tabellen zeigen, dass das recht selten eintritt. Es bleibt zu untersuchen, ob Compensation in anderen Klimaten häufiger ist.

Diese Methode setzt lange, ununterbrochene und homogene Beobachtungsreihen voraus, und die Vergleichbarkeit der Reihen für verschiedene Orte verlangt die Berechnung des Uebermaasses von einem gemeinsamen Zeitpunkte ab, von dem man für alle Orte annimmt, dass hier das Uebermaass gleich Null sei. Man erkennt übrigens leicht, dass man aus der Uebermaasstabelle einer bestimmten Epoche, auch die einer andern ohne Mühe ableiten kann. Die Tab. 40 S. 166 beginnt mit 1849. Wollte man statt 1849 z. B. das Jahr 1855 zum Ausgang wählen, so hätte man nur die Uebermaasszahlen der Monate von 1855 von allen folgenden bezüglichen Zahlen zu subtrahiren, um das Uebermaass auf 1855 zu beziehen.

Von den mancherlei Vortheilen, welche die Tabellen des Uebermaasses bieten, sei hier nur einer erwähnt. Es gelingt nämlich mit geringster Mühe aus denselben die mittleren Abweichungen und die Mittelwerthe beliebiger Epochen zu berechnen, und von wie hohem Werthe das ist, wenn es sich um Reduction verschieden langer Perioden auf dieselbe Normalperiode handelt, erhellt zur Genüge aus Cap. 5.

Das Uebermaass für	Jan.	Febr.	März	April	....
1861	+ 1,01	− 6,01	− 5,07	− 11,88	....
1870	+ 4,67	+ 0,54	− 5,27	− 1,64	....
oder das Uebermaass für					
1861—70	+ 3,66	+ 6,55	− 0,20	+ 10,24	....
oder d. mittlere Abweichg.	0,37	0,65	− 0,02	+ 1,02	....

Demnach erhält man aus den langjährigen Mitteln das Mittel für 1861—70, indem man diese letzteren Grössen zu den langjährigen hinzuaddirt; oder man erhält aus den Mitteln 1861—70 die Normalwerthe, indem man an jenen diese Correctionen mit umgekehrten Zeichen anbringt.

---

14. Der Zusammenhang der klimatischen Elemente unter einander.

Das Studium des Zusammenhangs und der gegenseitigen Beeinflussung der einzelnen klimatischen Factoren gehört zu dem Interessantesten, was die Klimatologie bietet. Es ist aber ganz besonders schwierig, und es lässt sich dafür nur eine allgemeine Regel aufstellen: Man verfahre mit grösster Kritik und Vorsicht, damit man nicht Werthe in Vergleich ziehe, die nicht streng oder vielleicht gar nicht vergleichbar sind. Die arithmetischen Mittelwerthe verleiten hierzu sehr leicht. In dieselben gehen aber bei den verschiedenen Elementen die Einzelwerthe mit sehr verschiedenem Gewicht ein, und so kann es kommen, dass die Mittelwerthe desselben Zeitabschnitts für verschiedene Elemente nicht vergleichbar sind.

Einige Beispiele mögen dieses belegen. Das erste ist in der „Vierteljahrs-Wetter-Rundschau, Herbst 1884“, herausgegeben von der Deutschen Seewarte (Bd. I, Heft 5, S. 17)[1]) von Köppen mitgetheilt.

Die mittlere Vertheilung des Luftdrucks im November 1884 war characterisirt durch ein Minimum bei Island, welches von zwei anderen Depressionsgebieten über der Davisstrasse und dem europäischen Eismeere flankirt wurde. „Dieser Druckvertheilung entspricht in der kälteren Jahreszeit in Europa, namentlich in Nord-Europa, warmes Wetter. Die Mitteltemperatur des November 1884 war aber nicht nur in Centraleuropa, sondern auch in Schweden und Südwest-Russland erheblich unter der Normalen, und nur in Nordskandinavien sowie im Nordosten des europäischen Russland finden wir starke positive Abweichungen. Aber die mittlere Druckvertheilung, welche uns die Isobarenkarte des November vorspiegelt, kam nur in der ersten Decade desselben vor; sie ist im Uebrigen ein Product der Uebereinanderlegung der fast entgegengesetzten Verhältnisse der

---

[1]) Separatabdruck aus Annal. der Hydrogr. etc. Jahrg. 16, S. 402, 1888.

ersten und der zweiten Hälfte dieses Monats. Die erste Decade, wo das Maximum theils in Centralrussland, theils über den Alpen lag, war allerdings in Deutschland und Skandinavien ziemlich warm; allein die darauf folgenden Tage, wo es sich nach dem Ostseegebiete verlegte, brachten beiden Ländern zunächst Strahlungskälte und zum Theil auch Zufuhr kalter Luft aus Osten, dann aber — — — eine Absperrung vom warmen Ocean und eine Ueberfluthung mit nordischer Luft, welche im Verein mit einer durch Schneefälle und nächtliches Aufklaren beförderten Ausstrahlung die Temperatur dieses Zeitraumes so niedrig hielten, dass auch das Monatsmittel bedeutend zu niedrig ausfällt. Es ist dieser Fall ein sehr instruktiver, um zur Vorsicht zu mahnen bei der Verwendung monatlicher und sonstiger Mittelwerthe in wissenschaftlichen Untersuchungen. So wichtig dieses Hilfsmittel zur Vereinfachung der complicirten Probleme der Meteorologie ist, so darf man nie vergessen, dass die Mittelwerthe mehr oder weniger Kunstproducte sind, und dass diejenigen der verschiedenen Elemente nicht strenge mit einander sich verknüpfen lassen wegen des verschiedenen Einflusses, den die einzelnen Zeitmomente bei den verschiedenen Elementen auf das Mittel haben. So z. B. ist, weil in dem Einfluss auf das Mittel die letzten beiden Decaden des November bei der Temperatur sich unterstützen, bei der Druckvertheilung sich aufheben, im Monatsmittel die erstere vorwiegend bestimmt von diesen zwei Decaden, die letztere von der ersten Decade; Druckvertheilung und Temperatur, wie sie das Monatsmittel des November uns vorführt, gehören also zeitlich und ursächlich gar nicht zusammen, der Versuch ihrer kausalen Verknüpfung auf Grund physikalischer Gesetze würde also durchaus irreführend sein. Natürlich liegen die Verhältnisse nur selten so ungünstig, wie in diesem Falle, allein es ist gut, sich ihrer bewusst zu werden, da dieselben Fehler in geringerem Grade jedem Mittel anhaften.“

Als weiteres Beispiel wähle ich ein ebenfalls von Köppen[1]) mitgetheiltes. Nach der Theorie sollte das tägliche Maximum der Windgeschwindigkeit mit dem täglichen Maximum der Lufttemperatur zusammenfallen; nach den Mittelwerthen aus den Beobachtungen tritt aber jenes früher ein als dieses.

---

[1]) Köppen: Weshalb fällt das tägliche Maximum der Windgeschwindigkeit in Durchschnittswerthen vor die Zeit der höchsten Tageswärme? Meteor. Zeitschr. 4, S. 182, 1887.

Die Erklärung hierfür findet Köppen in dem verschiedenen Gewicht, mit welchem die trüben Tage bei der Windgeschwindigkeit und bei der Temperatur das Mittel beeinflussen.

Es ist bekannt, dass das Maximum der Temperatur an heitern Tagen merklich später eintritt als an trüben Tagen, für die Windgeschwindigkeit ist dasselbe zum mindesten sehr wahrscheinlich.

„Da die tägliche Schwankung der Temperatur an heitern Tagen viel grösser ist als an trüben, so haben die ersteren auf die Mittelwerthe in Bezug auf die Form der täglichen Periode mehr Einfluss, gehen in deren Bildung mit grösserem Gewicht ein als die letzteren; es muss also das Maximum in der täglichen Periode nach den Mittelwerthen auf einen späteren Zeitpunkt fallen als auf den durchschnittlichen Zeitpunkt aller Maxima, wie man ihn durch Mittelziehung aus der Zeit aller täglichen Maxima erhalten würde. In den Monatsmitteln der Temperatur finden wir wesentlich den täglichen Gang der heitern Tage wieder, welcher durch die Beimischung der trüben nur abgestumpft, aber qualitativ wenig geändert wird.

Anders ist es bei der Windstärke. Auch hier ist zwar die tägliche Periode bei heiterm Wetter viel ausgeprägter als bei trübem, insofern das Verhältniss Maximum : Minimum bei ersterem bedeutend grösser ist. Aber da dieses Verhältniss bei grosser Windstärke ungefähr dasselbe ist wie bei kleiner, so nimmt, wie dieses Hamberg besonders gezeigt hat, die Amplitude, d. h. die Differenz zwischen Maximum und Minimum, mit der Windstärke zu; und diese Amplitude ist es, welche für den Einfluss der Einzeltage auf das Mittel entscheidend ist; da nun die Windgeschwindigkeit im Allgemeinen grösser ist an trüben Tagen als an klaren, so kommt hier ein Moment hinzu, welches bei der Temperatur nicht wirkt, und welches zur Folge hat, dass die trüben Tage bei der Windstärke mit grösserem Gewicht in die Mittelbildung eingehen als bei der Temperatur.

Wenn man also sagt, dass das tägliche Maximum der Windstärke vor demjenigen der Temperatur eintritt, so ist dieses vermuthlich nicht richtig, da bei einer Vergleichung der einzelnen Tage dieser Fall wohl nur selten vorkommt. — — Will man die Wendepunkte in der täglichen Periode zweier meteorologischer Elemente unter einander an Mitteln vieler Tage vergleichen, so sollten die einzelnen Tage mit gleichen relativen Gewichten in die Mittel bei beiden Elementen eingehen; ist die Periode genügend scharf ausgesprochen, so kann dies dadurch geschehen, dass man nicht die Zeit des mittleren Maximums, sondern die mittlere Zeit des Maximums bestimmt, nachdem man für jeden Tag den Zeitpunkt des letzteren festgestellt hat."

Diese Verhältnisse sind lange Zeit unbeachtet geblieben, und so ist es gekommen, dass eine ganze Reihe der mühevollsten und sorgfältigsten Untersuchungen in ihren Resultaten enttäuschten oder gar zu Fehlschlüssen verleiteten. Ich habe hier vornehmlich die Windrosen im Auge.

In der richtigen Erkenntniss, dass die Winde die Träger der Witterungserscheinungen sind, versuchte man die Beschreibung und Erklärung der klimatischen Verhältnisse einzelner Orte oder auch ausgedehnter Gebiete dadurch, dass man den klimatischen Character der verschiedenen Winde zu bestimmen suchte. Man leitete die den verschiedenen Winden zukommenden Mittelwerthe der einzelnen meteorologischen Elemente ab, und erhielt so durch Betrachtung des Barometerstandes die barische, durch die der Luftfeuchtigkeit die atmische, durch die der Bewölkung die nephische Windrose u. s. f. Für Gegenden mit sehr regelmässigem Verlauf der Witterung oder für hohe Bergspitzen geben solche Windrosen sehr schätzenswerthe Resultate; auch erscheint die Berechnung dynamischer Windrosen, welche die mittlere Windgeschwindigkeit der verschiedenen Richtungen angeben, selbst für Gegenden recht veränderlichen Characters empfehlenswerth.[1]) Im Allgemeinen aber haben die Ergebnisse solcher Rechnungen den gehegten Erwartungen durchaus nicht entsprochen. Der Grund hierfür liegt gewiss nicht an der Sorgfalt, mit der die bezüglichen Untersuchungen ausgeführt worden sind — in dieser Beziehung können jene Arbeiten der heutigen Generation noch immer als Muster dienen, — sondern daran, dass man über den Ursprung der Winde nicht genügend unterrichtet war und auch nicht genügend unterrichtet sein konnte.

Ueber die Heimath eines Windes kann man nur mit Hülfe synoptischer Karten Aufschluss gewinnen. Wenn bei uns ein Wind z. B. aus SW bläst, so stammt er aus im W und NW gelegenen Gebieten, falls er einer Cyclone, aber aus einer im S oder gar SE gelegenen Gegend, falls er einer Anticyclone angehört; ähnliches gilt auch für die andern Winde. Scheinbar derselbe Wind wird also,

---

[1]) Vergl. Mohn: Jahrbuch des Norwegischen meteorologischen Instituts für 1882 und ff. Anhang II.

seinem verschiedenen Ursprung entsprechend, einen ganz verschiedenen Character haben können.

Bildet man ohne Rücksicht hierauf die den einzelnen Windrichtungen zugehörigen Mittelwerthe für den Luftdruck, die Temperatur etc., so ist klar, dass dabei Compensationen eintreten können, welche die characteristischen Eigenschaften der Winde mehr oder minder verdecken oder auch ganz entstellen können. Hierin liegt der theilweise Misserfolg der früheren Berechnung der Windrosen begründet, der seine Wirkung leider auch heute noch geltend macht, obwohl Köppen[1]) bereits vor 16 Jahren den angeführten Grund aufgedeckt und die Methode entwickelt hat, nach welcher heute für Gegenden, welche in raschem Wechsel von Cyclonen und Anticyclonen besucht werden, die Windrosen zu berechnen sind.

Köppen's Untersuchung bezieht sich auf die Beobachtungen zu Petersburg während zweier Jahre. Er benutzte dazu die am physikalischen Central-Observatorium täglich für 7^h a. m. entworfenen synoptischen Karten und unterschied vier Fälle:

„1) Das Centrum der Isobare St. Petersburgs liegt in niederm Luftdrucke — Cyclone;

2) dasselbe liegt in höherm Drucke — Anticyclone;

3) die Isobare St. Petersburgs verläuft auf einer längern Strecke — über ganz Europa — entweder gradlinig, oder in unregelmässigen geringen Knickungen; endlich

4) St. Petersburg liegt im windstillen Centrum einer Anticyclone oder ihm sehr nahe.“

Einige Tage, bei denen es unsicher war, welcher dieser Rubriken sie zuzuweisen seien, wurden fortgelassen, ferner blieben die Tage ausser Betracht, an denen die Windrichtung des Beobachtungsortes um mehr als 45^0 von der der Nachbarorte oder von der abwich, welche nach der Vertheilung des Luftdrucks zu erwarten war, und endlich auch die Tage, während welcher, trotz vorhandener Druckdifferenzen, in Petersburg dauernd Windstille verzeichnet war.

Nachdem die Beobachtungstermine nach diesen Kategorien geordnet waren, wurden die den einzelnen Winden zukommenden Mittelwerthe berechnet. Die S. 176 folgende Tabelle 42 enthält die Resultate dieser Rechnung für die kalte Jahreshälfte. Dazu ist zu bemerken,

---

[1]) Köppen: Ueber die Abhängigkeit des klimatischen Characters der Winde von ihrem Ursprunge; Rep. f. Meteor. Bd. IV. No. 4, Petersburg 1874.

dass die Windstärke nach einer 10theiligen Scala gegeben ist, und dass beim Luftdruck und der Lufttemperatur nicht die Mittelwerthe selbst, sondern deren Abweichungen von den Normalwerthen angegeben sind.

Diese Tabelle zeigt ziemlich starke Gegensätze zwischen dem Character der Winde, je nachdem sie der einen oder der andern jener drei Gruppen angehören. Sie stützt sich aber nur auf zweijährige Beobachtungen, und es ist nicht unmöglich, dass sich die Gegensätze bei langjährigen Mitteln etwas abschleifen, auch werden sich nicht überall gleich durchgreifende Unterschiede finden. Man muss aber zugeben, dass die Scheidung der Winde in solche, welche einer Cyclone, und solche, welche einer Anticyclone angehören, eine so durchaus naturgemässe ist, dass weitere Untersuchungen nach dieser Richtung höchst wünschenswerth erscheinen müssen; sie werden für die Klimatologie ohne Zweifel sehr lehrreich sein. An Material hierzu ist heute kein Mangel mehr, da für einen grossen Theil der Erdoberfläche tägliche synoptische Karten vorliegen.

Bislang hat nur Schreiber[1]) die Köppen'sche Methode in modificirter Weise auf langjährige Leipziger Beobachtungen angewandt.

Man sieht hieraus unmittelbar, wie es eigentlich das Studium der Cyclonen und Anticyclonen ist, welches uns den Zusammenhang der klimatischen Factoren nahe bringt, und wie es der Wechsel der Cyclonen und Anticyclonen oder die Aenderung der Vertheilung des Luftdrucks ist, was das Klima eines Landes bedingt. Es liegt daher nahe, die klimatische Beschreibung einer Gegend in der Weise vorzunehmen, dass man die vorherrschenden Werthe der klimatischen Factoren für die verschiedenen Theile der Cyclonen und Anticyclonen berechnet, die vorherrschenden Bahnen dieser grossen Luftwirbel aufsucht und die Aenderungen prüft, welche die klimatischen Elemente bei diesen fortschreitenden Bewegungen der ganzen Systeme erfahren.

Bislang ist dieser Weg noch nicht betreten worden, es liegen aber bereits zwei Untersuchungen vor, eine von Hildebrandsson und eine von Krankenhagen[2]), welche als höchst werthvolle Vorarbeiten auf diesem Gebiete bezeichnet werden müssen.

---

[1]) Schreiber: Die Bedeutung der Windrosen für theoretische und practische Meteorologie und Klimatologie: Petermanns Mittheil., Ergänzungsheft No. 66, Gotha 1881.

[2]) H. Hildebrand Hildebrandsson: Sur la distributions des éléments météorologiques autour des maxima et des minima barométriques; Nova Acta R. Soc. Scient. Upsaliensis, Ser. III, Vol. 12, Upsala 1883. Referat in Meteor.

Tab. 42. **Windrosen von St. Petersburg.** 2 Jahre. Kalte Jahreszeit (October bis März).

	N	NE	E	SE	S	SW	W	NW	
a) Cyclone, Centrum der Isobare St. Petersburgs im niedern Luftdruck.									
Zahl der Fälle	5	5	7	12	28	26	9	13	
Windstärke	2,4	2,2	2,0	2,8	2,8	3,2	2,9	2,8	
Abweichung des Luftdrucks	— 10,8	— 8,0	— 5,0	— 6,8	— 8,6	— 9,9	— 8,5	— 8,5	
Abweichung der Lufttemperatur	+ 0,6	+ 2,0	+ 2,6	+ 4,0	+ 5,6	+ 5,5	+ 3,7	— 1,9	
Mittlere relative Feuchtigkeit	92,4	87,8	94,2	93,3	92,0	90,4	88,8	87,9	
Mittlere Bewölkung	9,4	10,0	10,0	10,0	9,3	8,5	7,3	7,5	
Wahrscheinlichk. v. Niederschlag	0,8	1,0	0,5	0,9	0,7	0,8	0,7	0,6	
Wahrscheinlichk. v. Nebel	0,0	0,0	0,5	0,3	0,3	0,1	0,1	0,0	St. Petersburg im Centrum hohen Druckes
b) Anticyclone, Centrum der Isobare St. Petersburgs im höheren Luftdruck.									
Zahl der Fälle	4	4	12	20	15	21	12	13	25
Windstärke	2,0	1,8	1,7	2,3	1,8	2,0	2,7	2,1	—
Abweichung des Luftdrucks	+ 2,3	+ 11,5	+ 13,1	+ 10,9	+ 10,1	+ 7,1	+ 1,1	+ 5,4	+ 12,8
Abweichung der Lufttemperatur	— 6,5	— 3,0	— 7,1	— 2,2	— 1,9	+ 3,6	+ 5,8	— 0,1	— 4,3
Mittlere relative Feuchtigkeit	84,2	84,0	87,7	89,6	92,2	91,8	90,7	91,1	90,3
Mittlere Bewölkung	6,7	8,8	4,9	8,0	8,0	8,7	7,2	7,2	5,2
Wahrscheinlichk. v. Niederschlag	0,5	0,5	0,2	0,2	0,7	0,5	0,3	0,5	0,2
Wahrscheinlichk. v. Nebel	0,0	0,3	0,5	0,5	0,1	0,2	0,2	0,1	0,4
c) Isobare St. Petersburgs ohne bestimmte Krümmung.									
Zahl der Fälle	6	5	10	25	23	10	7	13	
Windstärke	2,0	1,8	3,1	2,6	1,9	2,3	2,1	3,0	
Abweichung des Luftdrucks	+ 5,7	+ 4,6	+ 5,0	+ 1,7	+ 2,1	— 2,6	— 0,4	— 3,4	
Abweichung der Lufttemperatur	— 0,8	— 5,6	— 3,5	+ 1,7	+ 4,1	+ 7,1	+ 2,4	— 0,6	
Mittlere relative Feuchtigkeit	87,3	91,2	85,8	91,4	93,5	93,4	84,7	86,1	
Mittlere Bewölkung	7,3	7,2	6,5	8,8	9,0	9,1	6,9	5,4	
Wahrscheinlichk. v. Niederschlag	0,8	0,6	0,5	0,5	0,5	0,3	0,4	0,5	
Wahrscheinlichk v. Nebel	0,0	0,0	0,3	0,2	0,2	0,0	0,0	0,0	

In ganz ähnlicher Weise wie die Windrosen, nur etwas einfacher, kann man auch die gegenseitige Beeinflussung der übrigen Elemente feststellen, z. B. die Abhängigkeit der Lufttemperatur von der Bewölkung, indem man die vorherrschenden Temperaturen für heitern, mässig bewölkten und trüben Himmel berechnet und mit den Normalwerthen vergleicht. Kennt man ferner die Termine, an denen es im Beobachtungsmomente regnete, schneite oder nebelte, so kann man auch die Abhängigkeit der Temperatur von den Hydrometeoren untersuchen. E. Quetelet[1]) hat hierzu die Registrirbeobachtungen von Brüssel benutzt und gefunden, dass im Herbst und Winter die Lufttemperatur bei Regenwetter über, in den beiden andern Jahreszeiten unter der Normalen liegt. Es zeigt sich also auch hier wieder der Nutzen, welchen eine Markirung der Termine mit Niederschlag auf Grund sorgfältiger Beobachtungen mit sich bringt, wie sie in den neueren Publicationen mehrerer meteorologischer Centralanstalten ausgeführt wird.

Fassen wir das Endergebniss dieses Capitels zusammen, so können wir sagen, bei der Vergleichung der Mittelwerthe verschiedener meteorologischer Elemente behufs Untersuchung ihres kausalen Zusammenhanges müssen alle in die Mittel eingehenden Einzelwerthe sorgfältig geprüft werden, ob sie auch thatsächlich denselben Witterungsverhältnissen angehören. Dass die zu vergleichenden Werthe denselben Jahren oder Monaten entstammen, ist ein zwar nothwendiges, aber keineswegs ausreichendes Erforderniss.

Gewiss wäre es wünschenswerth, in alle solche Tabellen an Stelle der arithmetischen Mittelwerthe die Scheitelwerthe einzuführen, allein vorläufig wird hierzu wohl die Anzahl der für einen Ort verfügbaren Beobachtungen nicht ausreichen, so dass man genöthigt ist, zunächst bei den Mittelwerthen stehen zu bleiben.

Zeitschr. 1, S. 111, 1884. — Krankenhagen: Ueber den Einfluss der barometrischen Minima und Maxima auf das Wetter in Swinemünde, 1876 bis 1885. Meteor. Zeitschr. 2, S. 81, 1885. — Vergl. auch van Bebber: Handbuch der ausübenden Witterungskunde Bd. II, Cap. II, 2 u. 3, Stuttgart 1886.

[1]) E. Quetelet: Météorologie de la Belgique comparée à celle du Globe, Bruxelles 1867.

15. Die Klimagrenzen und Wetterscheiden.

Die klimatischen Verhältnisse innerhalb eines weit ausgedehnten Gebietes ändern sich räumlich weit langsamer, als man in der Regel annimmt. Es ist zwar nicht zu verkennen, dass speciell Gewitter in ihrer Bahn häufig durch Höhenzüge oder isolirte Berge beeinflusst werden, und es ist allgemein bekannt, dass da, wo ein Gebirge sich den Regenwinden in den Weg legt, Niederschläge auf der Luvseite häufiger und intensiver auftreten als auf der Leeseite (Regenschatten). Aber es ist doch sehr fraglich, ob das schon ausreichend ist, um über diese Höhen eine Klimagrenze oder auch nur eine Wetterscheide zu legen.

Die grossen Anticyclonen und Cyclonen werden allem Anschein nach durch Gebirge von mässiger Erhebung nicht aus ihrer Bahn abgelenkt, und daraus würde folgen, dass wir solche Gebirge auch nicht als Wetterscheiden aufzufassen haben.

Die Untersuchungen, welche sich mit dieser Frage beschäftigen[1]), verfolgen zwar in erster Linie praktische Zwecke, indem sie Bezirke abzugrenzen suchen, für welche ein und dieselbe Prognose ausreicht; aber Prognosenbezirke sind nichts anderes als klimatische Provinzen, und so haben diese Arbeiten auch für die Klimalehre eine hervorragende Bedeutung. Als für etwaige Begrenzungen massgebende Factoren sind dabei die Niederschläge und die Bewölkung in Betracht genommen, und man hat sich gefragt, wieviel Procent von allen Stationen eines Gebietes haben gleichzeitig gleiches Wetter? Und wenn dieser Procentsatz zu klein ausfallen sollte, welche Stationen dürfen zusammengefasst und welche müssen getrennt werden, damit jener Procentsatz einen gewissen Werth erreicht?

Die Resultate bestätigen obige Folgerung durchaus. Selbst für die Schweiz hat sich ergeben, dass bei Ausschluss des eigentlichen Hochgebirges durchschnittlich 82 Procent des ganzen Gebietes gleichzeitig trockenes oder gleichzeitig Regenwetter hatte.

Auf die Methode dieser Untersuchungen glaube ich hier nicht weiter eingehen zu brauchen, da dieselbe in dem bekannten Lehrbuch der Meteorologie von Sprung (Hamburg 1885) in § 90 S. 383 ausführlich besprochen worden ist.

---

[1]) Winkelmann, Zeitschr. d. oest. Ges. f. Met. Bd. 16 S. 225. 1881; Mantel, ibid. Bd. 17 S. 377, 1882; L. Meyer, Die Bewölkung in Württemberg 1878—82, Stuttgart 1884; F. Horn, Beobachtungen der meteorologischen Stationen im Königreich Bayern VI. 1884.

III.

Anhang.

I.

Mittlere Werthe der Spannkraft des Wasserdampfes für Temperaturintervalle von je 1° C.

$\geqq$ t $<$		s	$\geqq$ t $<$		s	$\geqq$ t $\leqq$		s	$\geqq$ t $<$		s
— 40,0	— 39,1	0,14	— 20,0	— 19,1	0,96	0,0	0,9	4,75	20,0	20,9	17,89
— 39,0	— 38,1	0,16	— 19,0	— 18,1	1,05	1,0	1,9	5,10	21,0	21,9	19,01
— 38,0	— 37,1	0,18	— 18,0	— 17,1	1,14	2,0	2,9	5,47	22,0	22,9	20,21
— 37,0	— 36,1	0,20	— 17,0	— 16,1	1,24	3,0	3,9	5,87	23,0	23,9	21,47
— 36,0	— 35,1	0,22	— 16,0	— 15,1	1,34	4,0	4,9	6,29	24,0	24,9	22,79
— 35,0	— 34,1	0,25	— 15,0	— 14,1	1,45	5,0	5,9	6,74	25,0	25,9	24,19
— 34,0	— 33,1	0,28	— 14,0	— 13,1	1,57	6.0	6,9	7,22	26,0	26,9	25,67
— 33,0	— 32,1	0,31	— 13,0	— 12,1	1,71	7,0	7.9	7,73	27,0	27,9	27,22
— 32,0	— 31,1	0,34	— 12,0	— 11,1	1,85	8,0	8,9	8,27	28,0	28,9	28,85
— 31,0	— 30,1	0,37	— 11,0	— 10,1	2,00	9,0	9,9	8,84	29,0	29,9	30,57
— 30,0	— 29,1	0,40	— 10,0	— 9,1	2,17	10,0	10,9	9,45	30,0	30,9	32,38
— 29,0	— 28,1	0,44	— 9,0	— 8,1	2,35	11,0	11,9	10,09	31,0	31,9	34,28
— 28,0	— 27,1	0,48	— 8,0	— 7,1	2,54	12,0	12,9	10,77	32,0	32,9	36,27
— 27,0	— 26,1	0,53	— 7,0	— 6,1	2,75	13,0	13,9	11,50	33,0	33,9	38,37
— 26,0	— 25,1	0,58	— 6,0	— 5,1	2,98	14,0	14,9	12,26	34,0	34,9	40,57
— 25,0	— 24,1	0,63	— 5,0	— 4,1	3,22	15,0	15,9	13,07	35,0	35,9	42,88
— 24,0	— 23,1	0,69	— 4,0	— 3,1	3,49	16,0	16,9	13,93	36,0	36,9	45,31
— 23,0	— 22,1	0,75	— 3,0	— 2,1	3,77	17,0	17,9	14,84	37,0	37,9	47,86
— 22,0	— 21,1	0,81	— 2,0	— 1,1	4,08	18,0	18,9	15,80	38,0	38,9	50,52
— 21,0	— 20,1	0,88	— 1,0	— 0,1	4,41	19,0	19,9	16,81	39,0	39,9	53,32

II.

Fig. 17. **Zur Bestimmung des Sättigungsdeficits aus der psychrometrischen Differenz und der Lufttemperatur.**

Die Curven sind Linien gleicher psychrometrischer Differenz, ihr Durchschnitt mit den Ordinaten giebt das Sättigungsdeficit für die am Fusspunkt der Ordinate angegebene Lufttemperatur.

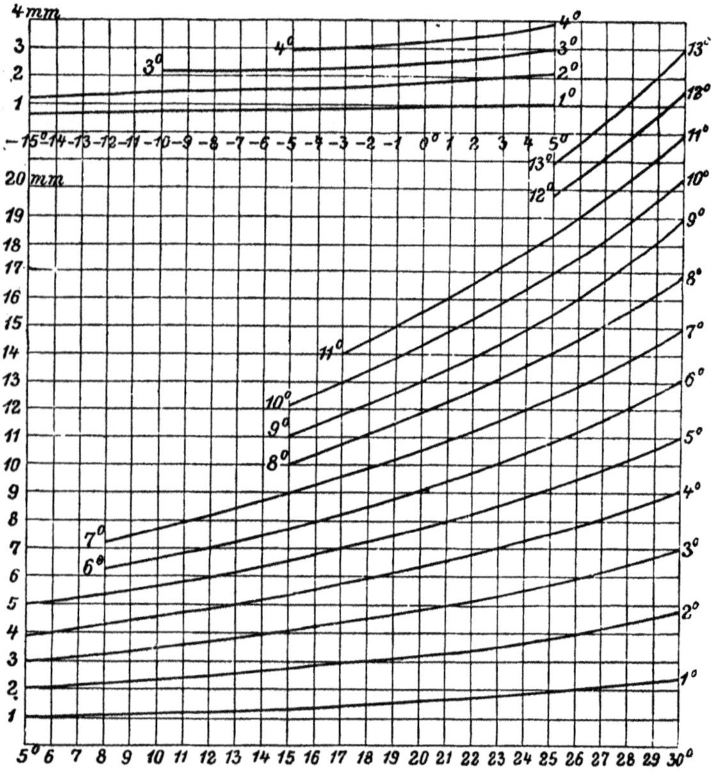

III.

Fig. 18. **Zur Bestimmung des Sättigungsdeficits aus der relativen Feuchtigkeit und der Lufttemperatur.**

Die Curven sind Linien gleicher relativer Feuchtigkeit, ihr Durchschnitt mit den Ordinaten giebt das Sättigungsdeficit für die am Fusspunkte der Ordinate angegebene Lufttemperatur. Die Zahlenreihe, welche unter der Abscissenaxe verläuft, giebt zum Zwecke einer bequemen Interpolation für die darüber stehende Lufttemperatur die Aenderung des Sättigungsdeficits bei Aenderung der relativen Feuchtigkeit um 1 %.

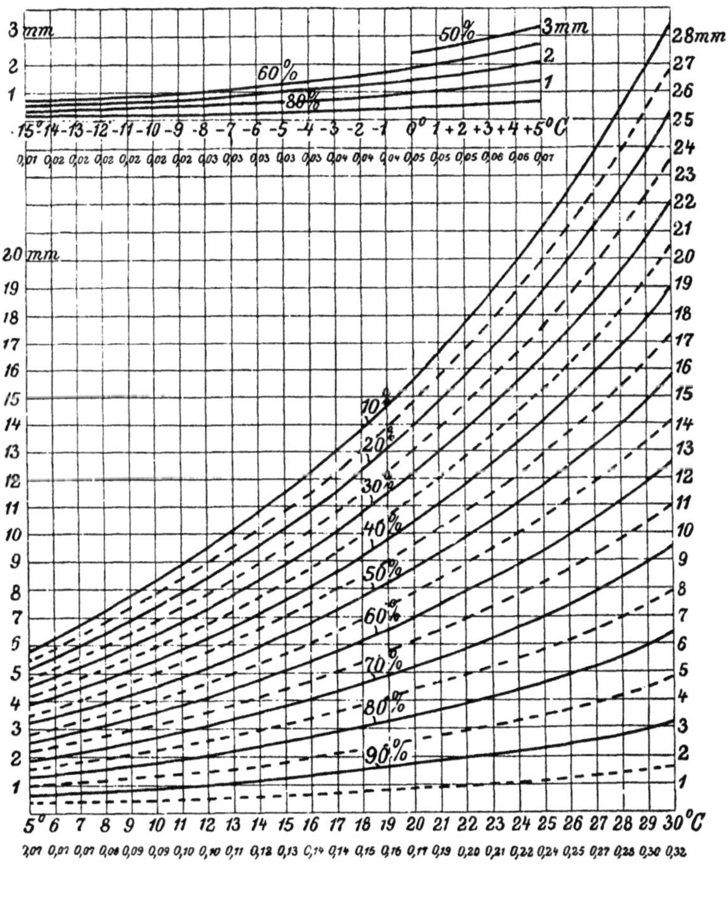

Sachregister.

GPSR Compliance

The European Union's (EU) General Product Safety Regulation (GPSR) is a set of rules that requires consumer products to be safe and our obligations to ensure this.

If you have any concerns about our products, you can contact us on ProductSafety@springernature.com

In case Publisher is established outside the EU, the EU authorized representative is:

Springer Nature Customer Service Center GmbH
Europaplatz 3
69115 Heidelberg, Germany

Batch number: 10682439

Printed by Printforce, the Netherlands